Effective Debugging

调试软件和系统的66个有效方法

[希] 迪欧米迪斯·斯宾奈里斯(Diomidis Spinellis) 著

臧秀涛 译

Effective Debugging

66 Specific Ways to Debug Software and Systems

人民邮电出版社

北 京

图书在版编目（CIP）数据

Effective Debugging：调试软件和系统的 66 个有效
方法 / （希）迪欧米迪斯·斯宾奈里斯
(Diomidis Spinellis) 著；臧秀涛译. -- 北京 ：人民
邮电出版社，2025. -- ISBN 978-7-115-65195-2

Ⅰ. TP311.562

中国国家版本馆 CIP 数据核字第 2024F026J5 号

版权声明

◆ 著　　[希] 迪欧米迪斯·斯宾奈里斯（Diomidis Spinellis）

　　译　　臧秀涛

　　责任编辑　陈灿然

　　责任印制　王 郁　胡 南

◆ 人民邮电出版社出版发行　　北京市丰台区成寿寺路 11 号

　　邮编　100164　电子邮件　315@ptpress.com.cn

　　网址　https://www.ptpress.com.cn

　　三河市君旺印务有限公司印刷

◆ 开本：800×1000　1/16

　　印张：12.25　　　　　　　　　　2025 年 1 月第 1 版

　　字数：219 千字　　　　　　　　 2025 年 1 月河北第 1 次印刷

　　著作权合同登记号　图字：01-2023-1919 号

定价：79.80 元

读者服务热线：**(010)81055410**　印装质量热线：**(010)81055316**

反盗版热线：**(010)81055315**

广告经营许可证：京东市监广登字 20170147 号

内容提要

本书分为 8 章，共包含 66 个条目。本书首先讲解了调试策略（第 1 章）、调试方法（第 2 章）以及调试时所用的工具与技术（第 3 章），旨在帮助读者调试各类软件故障和系统故障。紧接着介绍了可应用于调试工作各阶段的技术，涵盖使用调试器（第 4 章）、编写程序（第 5 章）、编译软件（第 6 章）和运行系统（第 7 章）等阶段。本书最后一章（第 8 章）专注于介绍一些特定的调试工具和调试技术，这些工具和技术用于定位多线程和并发代码中那些棘手的 bug。

本书主要面向有一定经验的开发人员，帮助其提高快速定位并修复潜在错误的能力，使其在面对故障时也能具备全局视角。

关于作者

    迪欧米迪斯·斯宾奈里斯（Diomidis Spinellis）是希腊雅典经济与商业大学管理科学与技术系教授。他的研究涵盖软件工程、IT 安全和云系统工程。他撰写了两本屡获殊荣的技术图书，《代码阅读方法与实践》（*Code Reading: The Open Source Perspective*）和《高质量程序设计艺术》（*Code Quality: The Open Source Perspective*）。他曾是 *IEEE Software* 杂志编辑委员会成员长达十年之久，并定期为"Tools of the Trade"专栏撰稿。他不仅为 OS X 和 BSD UNIX 贡献过代码，还是 UMLGraph、CScout 和其他一些开源的软件包、库和工具的开发者。他拥有英国帝国理工学院的软件工程硕士和计算机科学博士学位。他是 ACM 和 IEEE 的高级会员。在 2015 至 2018 年期间，他一直担任 *IEEE Software* 杂志主编。

致谢

首先，我要感谢本书的编辑——Addison-Wesley 出版社的 Trina Fletcher MacDonald，还要感谢该系列图书的编辑 Scott Meyers，他们在本书的写作和出版过程中为我提供了专业的指导。我还要感谢本书的技术审阅人员 Dimitris Andreadis、Kevlin Henney、John Pagonis 和 George Thiruvathukal，他们提供了数百条宝贵的想法、评论和建议，极大地提升了本书的质量。特别感谢本书的文字编辑 Stephanie Geels，她目光敏锐，解决了书中的不少问题。得益于她的高质量工作，原本令人担忧的过程变得愉快。感谢 Melissa Panagos 对本书写作和出版过程的出色管理，感谢 Julie Nahil 对整体出版过程的监督，感谢 LaTeX 高手 Lori Hughes 的排版，感谢 Sheri Replin 的编辑建议，感谢 Olivia Basegio 对本书技术审阅委员会的管理，感谢 Chuti Prasertsith 设计的精美封面，感谢 Stephane Nakib 在市场营销方面提供的指导。另外，我还要感谢 Alfredo Benso、Georgios Gousios 和 Panagiotis Louridas，他们在本书构思阶段提供了早期指导。

书中有 4 个条目是从我发表在 *IEEE Software* 杂志的 "Tools of the Trade" 专栏中的文章扩展成的。

- 条目 5——来自 "Differential Debugging"，卷 30，2013 年第 5 期，第 19～21 页。
- 条目 22——来自 "Working with UNIX Tools"，卷 22，2005 年第 6 期，第 9～11 页。
- 条目 58——来自 "I Spy"，卷 24，2007 年第 2 期，第 16～17 页。
- 条目 66——来自 "Faking It"，卷 28，2011 年第 5 期，第 96 页。

此外，还有 4 个条目也需要加以说明。

- 条目 63 是根据 Martin Fowler 在 "Eradicating Non-Determinism in Tests"（2011 年 4 月 14 日）和 "TestDouble"（2006 年 1 月 17 日）这两篇文章中提出的想法编写而成的。
- 条目 48 中的大部分重构建议都来自 Martin Fowler 的 *Refactoring: Improving the*

Design of Existing Code[①]。

- Bryan Cantrill 和 Jeff Bonwick 于 2008 年 10 月发表在 *ACM Queue* 上的"Real-World Concurrency",启发我编写了条目 60。
- 条目 66 中的 Java 代码参考了 Tagir Valeev 提供的信息。

希腊雅典经济与商业大学(Athens University of Economics and Business)的许多同事在各个方面对我的学术生涯给予了慷慨的支持,这些支持也在无形之中促成了本书的问世。他们包括 Damianos Chatziantoniou、Georgios Doukidis、Konstantine Gatsios、George Giaglis、Emmanouil Giakoumakis、Dimitris Gritzalis、George Lekakos、Panagiotis Louridas、Katerina Paramatari、Nancy Pouloudi、Angeliki Poulymenakou、Georgios Siomkos、Spyros Spyrou 和 Christos Tarantilis。

调试是一门手艺,要在实践中不断练习。因此,我要感谢过去 40 年来忍受我的 bug、提供有帮助的问题报告、审查和测试我的代码,以及教会我如何避免、追踪和修复问题的同事们。下面大致按照时间由近及远的顺序,列出与我有过工作协作或项目合作的一些人。

- 在 Google 公司的 Ads SRE FE 团队工作期间的同事:Mark Bean、Carl Crous、Alexandru-Nicolae Dimitriu、Fede Heinz、Lex Holt、Thomas Hunger、Thomas Koeppe、Jonathan Lange、David Leadbeater、Anthony Lenton、Sven Marnach、Lino Mastrodomenico、Trevor Mattson-Hamilton、Philip Mulcahy、Wolfram Pfeiffer、Martin Stjernholm、Stuart Taylor、Stephen Thorne、Steven Thurgood 和 Nicola Worthington。
- 在 CQS 公司工作期间的同事:Theodoros Evgeniou、Vaggelis Kapartzianis 和 Nick Nassuphis。
- 在雅典经济与商业大学的管理科学与技术系,于本书写作期间正在合作进行研究和实验的同事,以及曾经合作过的同事:Achilleas Anagnostopoulos、Stefanos Androutsellis-Theotokis、Konstantinos Chorianopoulos、Marios Fragkoulis、Vaggelis Giannikas、Georgios Gousios、Stavros Grigorakakis、Vassilios Karakoidas、Maria Kechagia、Christos Lazaris、Dimitris Mitropoulos、Christos Oikonomou、Tushar Sharma、Sofoklis Stouraitis、Konstantinos Stroggylos、Vaso Tangalaki、Stavros Trihias、Vasileios Vlachos 和 Giorgos Zouganelis。
- 在希腊财政部信息系统总秘书处期间合作过的同事:Costas Balatos、Leonidas Bogiatzis、Paraskevi Chatzimitakou、Christos Coborozos、Yannis Dimas、Dimitris

---

[①] 本书中文版《重构:改善既有代码的设计(第 2 版)》已由人民邮电出版社出版。——译者注

Dimitriadis、Areti Drakaki、Nikolaos Drosos、Krystallia Drystella、Maria Eleftheriadou、Stamatis Ezovalis、Katerina Frantzeskaki、Voula Hamilou、Anna Hondroudaki、Yannis Ioannidis、Christos K. K. Loverdos、Ifigeneia Kalampokidou、Nikos Kalatzis、Lazaros Kaplanoglou、Aggelos Karvounis、Sofia Katri、Xristos Kazis、Dionysis Kefallinos、Isaac Kokkinidis、Georgios Kotsakis、Giorgos Koundourakis、Panagiotis Kranidiotis、Yannis Kyriakopoulos、Odyseas Kyriakopoylos、Georgios Laskaridis、Panagiotis Lazaridis、Nana Leisou、Ioanna Livadioti、Aggeliki Lykoudi、Asimina Manta、Maria Maravelaki、Chara Mavridou、Sofia Mavropoulou、Michail Michalopoulos、Pantelis Nasikas、Thodoros Pagtzis、Angeliki Panayiotaki、Christos Papadoulis、Vasilis Papafotinos、Ioannis Perakis、Kanto Petri、Andreas Pipis、Nicos Psarrakis、Marianthi Psoma、Odyseas Pyrovolakis、Tasos Sagris、Apostolos Schizas、Sophie Sehperides、Marinos Sigalas、George Stamoulis、Antonis Strikis、Andreas Svolos、Charis Theocharis、Adrianos Trigas、Dimitris Tsakiris、Niki Tsouma、Maria Tzafalia、Vasiliki Tzovla、Dimitris Vafiadis、Achilleas Vemos、Ioannis Vlachos、Giannis Zervas 和 Thanasis Zervopoulos。

- 在 FreeBSD 项目上合作过的朋友：John Baldwin、Wilko Bulte、Martin Cracauser、Pawel Jakub Dawidek、Ceri Davies、Brooks Davis、Ruslan Ermilov、Bruce Evans、Brian Fundakowski Feldman、Pedro Giffuni、John-Mark Gurney、Carl Johan Gustavsson、Konrad Jankowski、Poul-Henning Kamp、Kris Kennaway、Giorgos Keramidas、Boris Kovalenko、Max Laier、Nate Lawson、Sam Leffler、Alexander Leidinger、Xin Li、Scott Long、M. Warner Losh、Bruce A. Mah、David Malone、Mark Murray、Simon L. Nielsen、David O'Brien、Johann 'Myrkraverk' Oskarsson、Colin Percival、Alfred Perlstein、Wes Peters、Tom Rhodes、Luigi Rizzo、Larry Rosenman、Jens Schweikhardt、Ken Smith、Dag-Erling Smørgrav、Murray Stokely、Marius Strobl、Ivan Voras、Robert Watson、Peter Wemm 和 Garrett Wollman。

- 在 LH 软件公司和 SENA 公司合作过的同事：Katerina Aravantinou、Michalis Belivanakis、Polina Biraki、Dimitris Charamidopoulos、Lili Charamidopoulou、Angelos Charitsis、Giorgos Chatzimichalis、Nikos Christopoulos、Christina Dara、Dejan Dimitrijevic、Fania Dorkofyki、Nikos Doukas、Lefteris Georgalas、Sotiris Gerodianos、Vasilis Giannakos、Christos Gkologiannis、Anthi Kalyvioti、Ersi Karanasou、Antonis Konomos、Isidoros Kouvelas、George Kyriazis、Marina Liapati、Spyros Livieratos、Sofia

Livieratou、Panagiotis Louridas、Mairi Mandali、Andreas Massouras、Michalis Mastorantonakis、Natalia Miliou、Spyros Molfetas、Katerina Moutogianni、Dimitris Nellas、Giannis Ntontos、Christos Oikonomou、Nikos Panousis、Vasilis Paparizos、Tasos Papas、Alexandros Pappas、Kantia Printezi、Marios Salteris、Argyro Stamati、Takis Theofanopoulos、Dimitris Tolis、Froso Topali、Takis Tragakis、Savvas Triantafyllou、Periklis Tsahageas、Nikos Tsagkaris、Apostolis Tsigkros、Giorgos Tzamalis 和 Giannis Vlachogiannis。

- 在欧洲计算机工业研究中心（European Computer Industry Research Center，ECRC）合作过的同事：Mireille Ducassé、Anna-Maria Emde、Alexander Herold、Paul Martin 和 Dave Morton。
- 英国帝国理工学院（Imperial College London）计算机科学系的 Vasilis Capoyleas、Mark Dawson、Sophia Drossopoulou、Kostis Dryllerakis、Dave Edmondson、Susan Eisenbach、Filippos Frangulis Anastasios Hadjicocolis、Paul Kelly、Stephen J. Lacey、Phil Male、Lee M. J. McLoughlin、Stuart McRobert、Mixalis Melachrinidis、Jan-Simon Pendry、Mark Taylor、Periklis Tsahageas 和 Duncan White。
- 美国加州大学伯克利分校计算机科学研究组（Computer Science Research Group，CSRG）的 Keith Bostic。
- 在 Pouliadis & Associates 公司合作过的 Alexis Anastasiou、Constantine Dokolas、Noel Koutlis、Dimitrios Krassopoulos、George Kyriazis、Giannis Marakis 和 Athanasios Pouliadis。
- 在各种会议和不同场合交流过的 Yiorgos Adamopoulos、Dimitris Andreadis、Yannis Corovesis、Alexander Couloumbis、John Ioannidis、Dimitrios Kalogeras、Panagiotis Kanavos、Theodoros Karounos、Faidon Liampotis、Elias Papavassilopoulos、Vassilis Prevelakis、Stelios Sartzetakis、Achilles Voliotis 和 Alexios Zavras。

最后，我要感谢我的家人，感谢他们多年来心甘情愿地忍受我在家中调试系统，并慷慨地支持我的写作事业，有时甚至牺牲了与他们共度假期和周末的时间。特别感谢 Dionysis 帮助我绘制了图 5.2，同时也感谢 Eliza 和 Eleana 协助我选定本书封面。

前言

在开发软件或管理运行的软件系统时，我们常常会遇到故障。故障有小有大，小到代码中的编译错误，可以在很短时间内修复；大到大规模系统的停机，可能导致公司损失巨大。无论对于哪种情况，作为专业人士，都应具备快速定位并修复潜在错误的能力。这正是调试的核心意义，也是本书讨论的主题。

本书主要面向有一定经验的开发人员，并非入门读物，希望读者不仅能够理解使用不同编程语言编写的小型代码示例，还能够使用高级的图形用户界面编程工具以及基于命令行的编程工具。书中对所包含的调试技术都会进行详细的描述，因为笔者发现即便是精通某些方法的经验丰富的开发人员，也难以全面掌握所有调试技术，可能需要在其他方面获得一些具体的指导。此外，如果你曾花费至少数月时间调试实际软件系统的问题，那么理解书中更高级别条目的上下文将更为容易。

本书内容

我们在开发和运行现代复杂计算系统的过程中，可能会遇到问题。本书所要讲解的调试，涵盖解决这些问题所需的策略、工具和方法。过去，调试主要指发现和修复单个程序的故障。然而，如今很少有程序是孤立工作的。即便是很小的程序，也会链接（通常是动态链接）外部库。更复杂的程序可能运行在应用服务器上，需要调用 Web 服务、使用关系数据库和 NoSQL 数据库、从目录服务器获取数据、运行外部程序、使用其他中间件等，并集成众多第三方软件包。许多内部开发的组件和第三方组件可能运行在遍布全球的主机上，整个系统和服务的稳定运行依赖于这些组件的可靠运行。DevOps 是解决这一现实问题的过程、方法与系统的统称，它强调开发人员和其他 IT 从业人员应承担的职责。本书旨在培养读者在面对故障时也能具备全局视角，因为在具有挑战性的问题中，通常很难立即确定问题所在的组件。

本书的结构安排是首先介绍一般性主题，然后逐步过渡到更具体的议题。本书依次从策略（第 1 章）、方法（第 2 章）到工具与技术（第 3 章）展开介绍，旨在帮助读者调试各类软件故障和系统故障。随后介绍可应用于调试工作各阶段的技术，涵盖使用调试器（第 4 章）、编写程序（第 5 章）、编译软件（第 6 章）和运行系统（第 7 章）等阶段。最后一章（第 8 章）专注于介绍一些专用工具和技术，这些工具和技术用于定位多线程和并发代码中那些棘手的 bug。

如何使用本书

一种方法是从头到尾、逐页阅读直至完成。但请不要急于这样做，本书还有更有效的使用方法。本书的内容大致可分为 3 类，读者在使用本书时，可以有针对性地、灵活地选择阅读内容及阅读顺序。

- 面对故障时应了解并实践的**策略与方法**。第 1 章和第 2 章介绍了这些内容。此外，第 5 章介绍的很多技术也属于此类。读者应阅读并理解这些条目，逐渐将应用它们变成一种习惯。在调试过程中，我们应系统性地反思所使用的方法。当陷入僵局时，充分理解已探索的路径对于找到其他解决方案也是有益的。

- 值得投入精力学习的**技术与工具**。这些内容主要集中在第 3 章，其他章也包含一些应对日常问题的内容，例如条目 36。读者应投入时间学习并实践这些条目中描述的技术与工具。这可能意味着需要放弃熟悉的工具带来的舒适感，去克服学习高级工具的困难。初期可能会面临一些挑战，但从长远来看，这有助于读者提升自身调试技能。

- 遇到困难时可运用的**技术思路**。这些技术并不常用，但在解决难以理解的问题时，它们往往能够扭转局势，节省大量时间。例如，如果无法理解为什么自己的 C 语言和 C++代码无法编译，可以参考条目 50。对于这些内容，读者可以快速浏览，大概知道有哪些备选方案，当有具体需求时，再仔细研究。

如何让自己的开发工作更轻松

尽管本书所有条目提供的建议都涉及如何诊断故障和调试现有错误，但读者也可以利用其中的许多建议来尽量减少 bug。严格的调试与软件开发可以相互促进，形成良性循环。无论你现在或将来在软件设计、构建和管理工作中扮演何种角色，本书的建议都可为你提供帮助。

在**设计**软件时，应该做到以下几点。

- 使用适合其角色的最高级别机制（条目 47 和条目 66）。
- 提供调试模式（条目 6 和条目 40）。
- 提供监控和记录系统运行的机制（条目 27 和条目 41）。
- 提供一个选项，使得可以用 UNIX 命令行工具对组件进行脚本化（条目 22）。
- 让内部错误显现为明显故障，而非隐含的不稳定因素（条目 55）。
- 提供一种在事后获取内存转储的方法（条目 35 和条目 60）。
- 尽量减少软件执行中的非确定性因素及其影响（条目 63）。

在**构建**软件时，应该采取以下步骤。

- 获取同事的反馈（条目 39）。
- 为自己编写的每个例程创建单元测试（条目 42）。
- 使用断言来验证自己的假设，以及代码的功能是否正确（条目 43）。
- 努力编写可维护的代码，即可读性强、稳定且易于分析和修改的代码（条目 46 和条目 48）。
- 在构建过程中避免引入非确定性因素（条目 52）。

最后，在**管理**软件的开发和运行时，无论是团队合作还是个人处理，都应做到以下几点。

- 使用适当的系统将问题记录下来，并进行跟踪（条目 1）。
- 对需处理的问题进行分类并确定优先级（条目 8）。
- 使用维护良好的修订控制系统正确记录软件的变动（条目 26）。
- 逐步部署软件，以便能够在旧版本与新版本之间进行比较（条目 5）。
- 努力实现所用工具和部署环境的多样性（条目 7）。
- 定期更新工具和库（条目 14）。
- 建议购买所用的任何第三方库的源代码（条目 15），并购买必要的高级工具来定位难以捉摸的错误（条目 51、59、62、64 和 65）。
- 提供用于调试硬件接口和嵌入式系统的专用工具包（条目 16）。
- 使开发人员能够远程进行软件调试（条目 18）。
- 对于要求较高的故障排查任务，确保提供充足的 CPU 和磁盘资源（条目 19）。
- 通过代码审查和直接指导等实践，促进开发人员之间的协作（条目 39）。
- 鼓励进行测试驱动开发（条目 42）。
- 将性能剖析（条目 57）、静态分析（条目 51）和动态分析（条目 59）纳入软件构建流程，同时保持快速、精简且高效的构建和测试周期（条目 53 和条目 11）。

术语说明

本书中所使用的术语"错误"（fault），遵循 ISO/IEC/IEEE 24765:2010 *Systems and software engineering—Vocabulary* 标准中的定义："计算机程序中不正确的步骤、过程或数据定义。"[①]这有时也被称为"缺陷"（defect）。在日常用语中，我们通常称之为 bug。类似地，本书中所使用的术语"故障"（failure），同样遵循该标准中的定义："某个系统或系统组件未能在规定的限度之内执行其功能的一个事件。"故障可能表现为程序崩溃、冻结或给出了错误的结果。因此，程序中的错误可能导致故障。令人困惑的是，在英文文档中，术语 fault 和 defect 有时也被用来指代 failure，这一点 ISO 标准也认可。本书将根据上述定义区分这两个术语。然而，如果含义在具体的上下文中非常明确，为了避免文字读起来像法律文件，本书经常使用"问题"（problem）一词来指代"错误"（例如，"代码中的一个问题"）或"故障"（例如，"一个可重现的问题"）。

如今，UNIX 操作系统的 shell、库和工具在许多平台上均可使用。本书中的术语 UNIX 指代任何遵循 UNIX 的原则和 API 的系统，包括 Apple 的 OS X，各种 GNU/Linux 发行版（如 Arch Linux、CentOS、Debian、Fedora、openSUSE、Red Hat Enterprise Linux、Slackware 和 Ubuntu），UNIX 的直系后代（如 AIX、HP-UX 和 Solaris），各种 BSD 衍生版（如 FreeBSD、OpenBSD 和 NetBSD），以及 Windows 上的 Cygwin 环境。

类似地，书中提及 C++、Java 或 Python 时，均假设使用的是这些语言的较新版本。书中将尽量避免示例依赖于非常特殊或过于新颖的特性。

书中提到的"你的代码"或"你的软件"，指的是你正在调试的代码和你正在开发的软件。这样说起来比较简洁，而且也暗含了你对代码或软件的拥有感，这种主人翁感在开发软件时是非常重要的。

本书使用术语"例程"（routine）指代可供调用的代码单元，如成员函数、方法、函数、过程和子例程。

本书使用术语 Visual Studio 和 Windows 指代 Microsoft 公司的相应产品。

本书使用术语"修订控制系统"（revision control system）和"版本控制系统"（version control system）来指代像 Git 这样的软件配置管理工具。

---

① 该标准现已被 ISO/IEC/IEEE 24765:2017 代替。——译者注

排版和其他约定

- 代码以所谓的打字机字体（`typewriter font`）书写，关键点以**粗体**标出，术语和工具名称则以楷体表示。
- UNIX 命令行选项显示为`--this`这样的形式，或选择与其等效的单个字母形式，如`-t`。相应的 Windows 工具的选项显示为`/this`这样的形式。
- 组合键形式如 Shift–F11。
- 文件路径形式如/etc/motd。
- 菜单导航的路径形式如 Debug—New Breakpoint—Break at Function。
- 简洁起见，本书中的 C++代码清单通常会省略 `std` 命名空间的 `std::` 限定符。
- 在描述 GUI 工具时，笔者参考的是本书撰写时的最新版本。如果你使用的是不同的版本，请检查相关菜单或窗口，或查阅文档以了解如何使用相应功能。值得注意的是，命令行工具的界面几十年来保持了相对稳定，而 GUI 的每个新版本都可能有所变化。这一现象引出了一些有趣的结论，请读者自行思考。

随书源代码下载与勘误

示例代码和勘误信息均可通过访问异步社区（https://www.epubit.com/），并前往本书页面获取。

资源与支持

资源获取

本书提供如下资源：
- 程序源码；
- 本书思维导图；
- 异步社区 7 天 VIP 会员。

要获得以上资源，您可以扫描下方二维码，根据指引领取。

提交勘误

作者和编辑尽最大努力来确保书中内容的准确性，但难免会存在疏漏。欢迎您将发现的问题反馈给我们，帮助我们提升图书的质量。

当您发现错误时，请登录异步社区（https://www.epubit.com），按书名搜索，进入本书页面，点击"发表勘误"，输入勘误信息，点击"提交勘误"按钮即可（见下页图）。本书的作者和编辑会对您提交的勘误进行审核，确认并接受后，您将获赠异步社区的 100 积分。积分可用于在异步社区兑换优惠券、样书或奖品。

与我们联系

我们的联系邮箱是 contact@epubit.com.cn。

如果您对本书有任何疑问或建议，请您发邮件给我们，并请在邮件标题中注明本书书名，以便我们更高效地做出反馈。

如果您有兴趣出版图书、录制教学视频，或者参与图书翻译、技术审校等工作，可以发邮件给我们。

如果您所在的学校、培训机构或企业，想批量购买本书或异步社区出版的其他图书，也可以发邮件给我们。

如果您在网上发现有针对异步社区出品图书的各种形式的盗版行为，包括对图书全部或部分内容的非授权传播，请您将怀疑有侵权行为的链接发邮件给我们。您的这一举动是对作者权益的保护，也是我们持续为您提供有价值的内容的动力之源。

关于异步社区和异步图书

"异步社区"（www.epubit.com）是由人民邮电出版社创办的 IT 专业图书社区，于 2015 年 8 月上线运营，致力于优质内容的出版和分享，为读者提供高品质的学习内容，为作译者提供专业的出版服务，实现作者与读者在线交流互动，以及传统出版与数字出版的融合发展。

"异步图书"是异步社区策划出版的精品 IT 图书的品牌，依托于人民邮电出版社在计算机图书领域的发展与积淀。异步图书面向 IT 行业以及各行业使用 IT 技术的用户。

目录

第1章 宏观策略

当着手解决问题时，选择合适的策略非常重要。如果策略选择得当，则有事半功倍之效；如果所做的选择行不通，则应立即尝试下一个有希望的方法。

条目1: 通过问题跟踪系统处理所有问题

假设乔治打电话来，大声抱怨你正在开发的应用程序"无法正常工作"。你匆匆地在便利贴上记下这个问题，然后贴在显示器上，而上面这样的便利贴已经有很多。你在心里想着，应该检查一下新版本应用程序所需的最新的库是不是已经发给他了。但这不是正确的处理方式。正确的做法如下。

首先，确保有一个**问题跟踪系统（issue-tracking system）**。许多源代码仓库，如 GitHub 和 GitLab，都提供了一个基本的问题跟踪系统，这个系统与源代码仓库提供的其他功能集成在一起。有许多组织使用 JIRA，这是一个更复杂的专有系统，可以按许可证在本地运行或作为服务运行。还有些组织选择了开源的替代产品，如 Bugzilla、Launchpad、OTRS、Redmine 或 Trac。选择哪个系统并不重要，重要的是将所有问题都记录在所选的系统中。

如果某个问题没有记录在问题跟踪系统中，那就拒绝处理。坚持使用这样的系统有以下好处。

- 可以看到调试工作的进展。
- 可以对版本发布进行跟踪和计划。
- 便于确定各个工作项的优先级。
- 帮助记录常见问题和解决方案。
- 确保不会遗漏问题。
- 可以自动生成发布说明。
- 可以作为衡量缺陷、反思问题并从中学习的知识库。

对于组织中的高层员工，可能无法强制他们提交问题，但可以帮助他们提交。至于自己发现的问题，直接提交就可以。有些组织不允许对源代码进行任何修改，除非能够在问题跟踪系统中找到相关的问题。

此外，应该确保每个问题都包含一个精确的描述，说明**如何重现**。理想的情况是提供一个简短（short）、自包含（self-contained）、正确（correct，也就是可以编译和运行）的示例（example），可以简称为 SSCCE。如果做到了这一点，就可以轻松地将其复制并粘贴到应用程序中，以重现这个问题（参见条目 10）。为了让大家写出高质量的 bug 报告，应该制定一份指南，明确优质 bug 报告的标准并广泛宣传，以说服所有提交 bug 报告的人认真遵守。

bug 报告中还应该包含这些信息：精确的标题、bug 的优先级和严重程度、受影响的利益相关者，以及该 bug 发生环境的详细信息。以下是撰写 bug 报告时需要关注的一些要点。

- 精确、简短的标题可以让我们在摘要报告中直接看到这个 bug。"程序崩溃"是一个糟糕的标题，而"保存时点击刷新导致崩溃"是一个很好的标题。

- 严重程度字段可以帮助我们对 bug 的优先级进行排序。导致数据丢失的问题显然非常严重，界面问题或已经有现成变通解决方案的问题就没那么重要。团队可以根据 bug 的严重程度对问题清单进行分类，决定哪些应该现在解决，哪些可以以后解决，哪些可以忽略。

- 对问题进行分类和排序的结果可以作为这个问题的优先级记录下来，这就为我们确定了工作的先后顺序（参见条目 8）。在许多项目中，bug 的优先级是由开发人员或项目负责人来设置的，因为最终用户倾向于将他们提交的所有 bug 都设置为最高优先级。一些经理、客户代表、其他团队的开发人员和销售人员会宣称所有问题都是头等大事，或至少他们关注的问题是优先级最高的，根据实际情况设置优先级，并将其记录下来，可以防止这些人员的干扰。

- 确定问题的利益相关者可以帮助团队收集与问题相关的其他输入信息，进而帮助产品所有者确定问题的优先级。有些组织甚至会根据利益相关者带来的年收入来标记它们，例如，"由 Acme 提交，这是一个每年贡献 25 万美元的客户"。

- 对于一些难以捉摸的 bug，环境描述可以提供有助于重现它们的线索。在描述中，避免一次性要求用户提供从计算机序列号和 BIOS 日期到系统上安装的每个库的版本等全部信息（这会增加用户的负担，他们可能会跳过这些字段）。相反，应该只询问相关的细节：对于基于 Web 的应用程序，浏览器肯定很重要；对于移动应用程序，可能需要设备制造商和型号。比较好的做法是，通过软件自动提交这些详细信息。

使用问题跟踪系统记录进展是一个重要且推荐的做法。大多数问题跟踪系统允许我们在每个问题条目下面连续追加评论，而且没有格式限制。可以通过评论，把为了研究和修复这个 bug 所采取的步骤，以及走过的"死胡同"，都记录下来。这样可以让组织的工作方式更为透明。同时，还应该将我们用来记录日志或跟踪程序行为的具体命令都记录下来。当你想在第二天重复这些操作时，或是在之后追查类似的 bug 时，这些记录可能是非常宝贵的。在花了一周时间追查某个 bug 之后，你已经目光迟钝、精疲力尽，这时候如果要向你的团队或经理解释自己这些天都在做什么，这些记录可以帮你恢复记忆。

要点 ◆ 通过问题跟踪系统处理所有问题。

◆ 通过一个简短、自包含、正确的示例，确保每个问题都包含一个精确的描述，说明如何重现问题。

◆ 对问题进行分类，并根据每个问题的优先级和严重程度来安排工作。

◆ 通过问题跟踪系统记录进展。

条目 2：使用有针对性的查询在网上搜索与问题相关的见解

如今，很少有人在没有接入互联网的地方工作。作为开发者，当在没有互联网的地方工作时，工作效率会大幅下降。当代码出现故障时，通过在网上搜索以及和其他开发者合作，互联网可以帮我们找到解决方案。

一个非常有效的搜索技巧是，将出现故障的第三方组件报告的错误消息用双引号引起来，并粘贴到浏览器的搜索框中。双引号指示搜索引擎寻找精确匹配的页面，从而提高搜索结果的质量。在搜索框中，我们还可以输入其他有用的内容，如给我们带来麻烦的库或中间件的名称、相应的类或方法的名称以及返回的错误码。搜索的函数名称越不常见，搜索结果越精准、有效。例如，与搜索 BitBlt 相比，搜索 PlgBlt 会得到更好的结果。还可以尝试使用意思相近的词，例如，除了 hang（挂起）之外，还可以搜索 freeze（冻结），除了 disabled（禁用）之外，还可以搜索 grayed（变灰）。

对于调用 API 时遇到的棘手问题，通常可以通过查看他人如何使用该 API 来解决——寻找使用了特定函数的开源软件，并检查传递给该函数的参数是如何初始化的，以及它的返回值是如何解释的。在这方面，与通用的 Google 搜索引擎相比，使用专门的代码搜索引擎，如 searchcode，可以得到更好的结果。例如，在这个搜索引擎上搜索 mktime，并过滤掉特定项目的结果以避免浏览库的声明和定义，得到如下代码片段。

```
nowtime = mktime(time->tm_year+1900, time->tm_mon+1,
    time->tm_mday, time->tm_hour, time->tm_min,
    time->tm_sec);
```

这段代码显示，与 localtime 不同，mktime 函数需要传入完整的年份，而非相对于 1900 的偏移量，且月份的编号从 1 开始。这些是容易出错的地方，特别是在没有仔细阅读函数文档的情况下。

浏览搜索结果时，注意这些结果所在的网站。StackExchange 网络采取了许多激励参与者的举措，最切题的讨论和答案通常来自它旗下的网站，如 Stack Overflow。在查看 Stack Overflow 上的答案时，除了关注提问者接受的答案外，还要浏览一下获赞较多的答案。此外，还要阅读答案下方的评论，因为人们可能会在评论中更新内容，比如避免某个错误的较新的技术。

如果你认真地进行了搜索，但是没有得到任何有用的结果，那可能是因为你的方向有误。对于常见的库和软件来说，你不太可能是第一个遇到某个问题的人。因此，如果在网上找不到相关描述，很可能是因为你对问题的诊断不正确。例如，就拿 mktime 这个 API 函数来说，你可能认为其崩溃是函数实现中的 bug 导致的，但实际上问题在于你提供给它的数据。

如果在网上找不到答案，可以自行去 Stack Overflow 上提问，把自己面对的问题发出来。但这需要投入精力创建一个 SSCCE。这是论坛提问的黄金准则：提供一小段其他成员可以直接复制、粘贴并单独编译的代码，以便他们验证这个问题（参见条目 10）。对于某些语言，甚至可以通过在线 IDE（如 SourceLair 或 JSFiddle）直接运行示例。关于如何针对特定的语言和技术编写良好的示例，sscce.org 网站提供了更多详细信息。另外，Eric Raymond 关于这个主题的指南 *How To Ask Questions The Smart Way* 也值得一读。

笔者发现，只要花费精力来撰写一个描述很清晰的问题并附上一个示例，就有很大可能帮助找到解决方案。即使这样的理想情况没有出现，好的示例也很有可能吸引到有经验的人士进行实验，进而有希望为我们提供一个解决方案。

如果问题部分与某个开源的库或程序有关，并且我们有充分的理由相信其代码中存在 bug，也可以与其开发人员取得联系。通常的做法是，在这个项目的 bug 跟踪系统中创建一个 issue。同样，在此之前请确保系统中没有类似的 bug 报告，并在报告中包含重现该问题所需要的精确细节。如果这个软件没有 bug 跟踪系统，也可以尝试向其作者发送电子邮件。写邮件时，要格外小心，务必周到和礼貌，毕竟他们不会因为支持我们得到报酬。

要点　◆　将错误消息用双引号引起来，在网上搜索。

　　　　◆　重视来自 StackExchange 旗下网站的答案。

　　　　◆　如果其他尝试都失败了，可以自己发布一个问题，或创建一个 issue。

条目 3：确认前置条件和后置条件均已满足

在维修电子设备时，首先应检查供电情况，也就是检查电源模块的输出和电路模块的输入。在绝大多数情况下，这样可以直指问题所在。同样，在计算领域，通过检查在例程的入口点和退出点必须成立的条件，也能定位许多问题。具体来说，在入口点就是检查例程的前置条件，包括程序状态和输入；在退出点就是检查例程的后置条件，包括程序状态和返回值。如果前置条件不正确，则问题在于设置这些条件的代码；如果后置条件不正确，则问题在于该例程本身。如果两者都是正确的，则应该去其他地方定位 bug。

可以在例程开始的地方、调用的地方或关键算法开始执行的地方设置断点（参见条目30）。为验证前置条件是否满足，应仔细检查算法的实际参数、形式参数、被调用方法所在对象，以及可疑代码使用的全局状态。特别要注意以下几点。

- 找出那些不应该为 null 但实际为 null 的值。
- 如果调用的是数学函数，应验证算术值是否在该函数的定义域内。例如，检查传递给对数函数 log 的值是否大于零。
- 检查传递给例程的对象、结构体和数组的内部细节，验证其内容是否符合要求，这有助于定位无效的指针。
- 检查变量的值是否在合理的范围内。未初始化的变量值往往比较可疑，如 6.89851e-308 或 61007410。
- 对传递给该例程的任何数据结构的完整性进行抽查。例如，某个映射是否包含预期的键和值，某个双向链表能否正确遍历。

然后，可以在例程的末尾、调用位置之后或关键算法结束执行的地方设置断点。接着，检查该例程执行的效果，可以考虑的内容如下。

- 计算结果看上去是否合理？是否在预期结果的范围内？
- 如果前两个问题的答案都是"是"，那结果是否确实正确？可以通过手动执行相应的代码来验证（参见条目38），将其与已知的正确的值进行比较，或使用另一个工具或方法来计算它们。
- 该例程的副作用是否符合预期？可疑代码接触过的任何其他数据是否被损坏了，或被设置成了不正确的值？对于在所遍历的数据结构内部维护自己的管理信息的算法，这一点尤为重要。
- 算法所获取的资源，如文件句柄或锁，是否被正确地释放了？

可以使用同样的方法对更为高层的操作与配置情况进行验证。比如，对于构造数据库表的 SQL 语句，可以通过查看它所扫描的表和视图，以及它构建的表来验证其操作。对于基于文件实现的处理任务，可以检查其输入文件和输出文件。对于基于 Web 服务构建的操作，可以通过查看每个单独的服务的输入和输出来调试。对于整个数据中心，可以通过检查以下的每个元素所需要的设施和实际提供的设施来定位故障：网络、域名系统（Domain Name System，DNS）、共享存储、数据库和中间件等。在任何情况下，都应进行验证，而不是想当然地假设。

要点   ◆   仔细检查例程的前置条件和后置条件。

条目 4：从问题入手，自下而上追查 bug；从程序开始，自上而下追查 bug

要定位问题的源头，通常有两种方式。一种方式是从问题的表现形式入手，自下而上追溯到其源头；另一种方式是从应用程序或系统的顶层入手，自上而下追溯到其源头。哪种方式更高效，取决于问题的类型。如果在选定一种方式之后，问题没有得到有效解决，可以试试另一种方式，或许有所帮助。

当问题存在明显的迹象时，从问题发生的地方入手是合理的选择。下面是 3 种常见的情况。

第一种情况是**程序崩溃**。首先，如果是在调试器中运行程序，或是在程序崩溃时将调试器附加（attach）上去，抑或是获得了内存转储（参见条目 35），排查程序崩溃问题通常比较容易。需要做的就是检查程序崩溃发生时各个变量的值，查找有可能触发程序崩溃的 null 值、损坏的值或未初始化的值。在某些系统上，通过其中重复出现的特殊字节值，比如 0xBAADF00D[①]（代表 bad food），可以轻松识别出未初始化的值。维基百科的 Magic Number 词条有这类值的完整列表。在定位到值不正确的变量之后，尝试确定其根本原因，原因有可能就在发生崩溃的例程内部，如果不是，可以沿着这个例程的调用栈逐级向上查找与崩溃相关的不正确的参数或其他原因（参见条目 3 和条目 32）。

如果这种搜索方式不能帮我们找到问题，可以在调试器中多次运行这个程序。每次在可能会计算出不正确值的地方附近设置断点。如果还没有定位到问题，则继续在调用序列的更

---

① 在 Windows 操作系统上，debug 版本的 HeapAlloc 函数会将已经分配但尚未初始化的内存标记为 0xBAADF00D。——译者注

上层设置断点，直到找到问题所在。

　　第二种情况是**程序冻结**。程序冻结不同于程序崩溃，其自下而上的问题定位过程开始的方式也有所不同。在调试器中运行程序，或将调试器附加到运行的程序上，然后通过相应的调试器命令中断其执行（参见条目 30）或强制生成内存转储（参见条目 35）。有时你会意识到，正在执行的代码不是你自己编写的代码，而是某个库例程的代码。无论中断发生在何处，都沿着调用栈向上找，直到定位到导致程序冻结的循环。检查该循环的终止条件，并从这个条件开始，尝试理解它永远不会被满足的原因。

　　第三种情况是程序出现了**错误消息**。在这种情况下，首先要定位到该错误消息在程序源代码中的位置。`fgrep -r`（参见条目 22）是一个好帮手，不管层次结构多么深，多么复杂，它都能快速定位到相关文本。不过在现代的本地化软件中，这样搜索定位到的通常不是与该消息相关的代码，而是与该消息对应的字符串资源。例如，假设你居住在一个讲西班牙语的国家，正在调试 Inkscape 绘图程序中的一个问题，其错误消息是 "`Ha ocurrido un error al procesar el archivo XCF`"。在 Inkscape 的源代码中搜索这个字符串，会定位到西班牙语的本地化文件 `es.po`。

```
#: ../share/extensions/gimp_xcf.py:43
msgid "An error occurred while processing the XCF file."
msgstr "Ha ocurrido un error al procesar el archivo XCF."
```

　　从这个本地化文件中可以获取到与错误消息相关的代码的位置（`share/extensions/gimp_xcf.py`，第 43 行）。然后，可以在这条错误消息出现的位置之前设置一个断点，或加入一条日志输出语句，以便在发生问题的地方进行检查。同样要做好准备，为了找到问题的根本原因，有可能需要向前研究几行代码，并沿着调用栈向上找。如果要搜索的是非 ASCII 文本，还要确保命令行的区域（locale）设置与所搜索的源代码的文本编码（例如 UTF-8）相匹配。

　　如果无法明确定位与故障相关的代码，这时应该选择从系统的顶层入手，逐步向下定位故障。从定义上来说，当面对所谓的衍生属性（emergent property）（很难与系统的某个具体部分关联起来的属性（故障））时，往往就是这样的情况。这样的例子包括性能问题（软件占用的内存过多，或响应时间过长）、安全性问题（Web 应用程序的页面被篡改）和可靠性问题（软件无法提供预期的 Web 服务）。

　　选择自上而下地解决问题时，可以将整个工作分解成几种情况，然后检查每种情况是否有可能导致要调试的故障。对于性能问题，通常的方法是剖析（profiling），有些工具和库可以帮我们找出是哪些程序拖慢了 CPU 或耗尽了内存。对于安全性问题，可以检查所有代码，看看是否存在典型的漏洞，比如那些会导致缓冲区溢出、代码注入和跨站脚本攻击的漏洞。同样，有一些工具可以帮助我们分析代码中的这类问题（参见条目 51）。最后，对于 Web 服务出现故障的情况，可以深入研究这个服务内部和外部的每个依赖项，验证它们的工作是否符合预期。

> **要点** ◆ 如果故障的原因比较明确，如崩溃、冻结和错误消息，采用自下而上的方式。
>
> ◆ 如果故障的原因难以确定，如性能问题、安全性问题和可靠性问题，采用自上而下的方式。

条目 5：寻找正常系统和故障系统之间的差异

除了出现故障的系统，往往还需访问一个与它类似但可以正常运行的系统。比如，这可能发生在我们实现了某个新功能，要升级原来的工具或基础设施的时候，或要在一个新的平台上部署系统的时候。如果仍然可以访问旧的正常运行的系统，通常可以通过寻找（下面就会讲到）或尽量缩小（参见条目 45）两个系统之间的差异来确定问题。

这种通过差异来解决问题的模式之所以有效，是因为不管我们的日常经验是什么样的，说到底计算机的工作是被设计为确定性的：同样的输入会产生相同的结果。只要对故障系统进行足够深入的研究，迟早会发现导致其与正常系统表现不同的 bug。

令人惊讶的是，很多时候，其实只需要花点时间查看系统的**日志文件**（参见条目 56），就会发现故障原因。日志文件中可能有像下面这样的一行内容，它指出了 `clients.conf` 配置文件中的一个错误。

```
clients.conf: syntax error in line 92
```

在另外一些情况下，故障原因可能隐藏得更深，因此必须增加系统日志的详细程度，以便将问题暴露出来。

如果系统没有提供足够详细的日志机制，就需要使用**跟踪工具**（tracing tool）来分析其运行行为。除了 DTrace 和 SystemTap 等通用工具之外，有些专用工具也很有用，有的可用于跟踪对操作系统的调用（如 strace、truss 和 Procmon），有的可用于跟踪对动态链接库的调用（如 ltrace 和 Procmon），有的可用于跟踪网络数据包（如 tcpdump 和 Wireshark），有的可用于跟踪 SQL 数据库调用（参见条目 58）。许多 UNIX 应用程序（如 R Project）是通过复杂的 shell 脚本启动运行的，其内容可能会非常晦涩难懂。可以在启动应用程序时向 shell

传入-x 选项来跟踪它的运行情况。在大多数情况下，得到的跟踪信息可能会非常庞大。不过值得庆幸的是，现代系统通常有足够的存储容量来保存两个日志（一个是正常运行的日志，另一个是出现故障的日志），也有足够强大的 CPU 来处理和比较它们。

再就是系统运行的**环境**，应该让两个环境尽可能相似。这样就很容易对日志和跟踪信息进行比较，幸运的话，甚至可以直接找到 bug 背后的原因。可以从显而易见的地方入手，比如程序的输入和命令行参数。再次强调，要对可能的原因进行验证，而不能想当然地假设。可以实际比较两个系统的输入文件，如果文件非常大，距离也非常远，也可以比较它们的 MD5 校验和。

然后就要把重点放在代码上了。首先对源代码进行对比，要做好深入挖掘的准备，因为 bug 往往就潜藏其中。检查与每个可执行文件关联的动态库，在 UNIX 系统上可以通过 ldd 命令，在使用 Visual Studio 时可以通过带/dependents 选项的 dumpbin 命令。接下来是查看定义和使用的符号，在 UNIX 系统上可以通过 nm 命令，在使用 Visual Studio 时可以通过带/exports /imports 选项的 dumpbin 命令，如果应用是使用 Java 开发的，可以通过 javap 命令。如果确定问题在代码之中，但又看不出任何差异，就要做好更深入地挖掘的准备，比较编译器生成的汇编代码（参见条目 37）。

但在使用这样的极端方式之前，可以再考虑一下还有哪些因素会影响程序执行的设置。一个被低估的因素是**环境变量**，即使是非特权用户，他们设置的环境变量也有可能给程序的执行带来不利影响。另一个因素是**操作系统**。应用程序可能会在一个比当前正常运行的操作系统或新或旧了几十年的操作系统上运行失败。还要考虑编译器、开发框架、第三方链接库、浏览器、应用服务器、数据库系统和其他中间件。如何从中找到罪魁祸首，是接下来要讨论的主题。

在大多数情况下，我们所做的工作就像在草堆里找一根针，所以应该尽量让这个草堆小一些。因此，应该花些时间找到一个能让 bug 出现的、可能最简单的测试用例（参见条目 10）。（另一种思路是让针变粗，也就是让与 bug 相关的输出更多一些，不过往往收效甚微。）简明的测试用例有助于缩短日志和跟踪信息，同时缩短处理时间，从而让调试工作更轻松。我们可以从这样的测试用例出发，逐步删除其中的一些因素，或删除系统中的配置选项，直到找到仍然出现 bug 的最简配置。

如果正常系统和故障系统之间的差异在于它们的源代码，一个有用的方法是在两个版本之间的所有更改中进行**二分搜索**，以确定罪魁祸首。因此，如果正常系统的版本号为 100，而故障系统的版本号为 132，我们可以先测试版本号为 116 的系统是否正常，然后根据结果，再测试版本号为 108 或 124 的系统，依此类推。为什么必须将每次修改都单独提交到版本控制系统中呢？能够执行这种搜索，就是原因之一。值得庆幸的是，有些版本控制系统直接提供了可以自动执行这种搜索的命令；在 Git 中，就是 `git bisect` 命令（参见条目 26）。

另一个非常有效的选择是使用 UNIX 工具来**比较两个日志文件**（参见条目 56），以找到与 bug 相关的差异。这种场景下的主要工具是 diff 命令，它可以显示两个文件之间的不同之处。然而，更常见的情况是，日志文件会在很多无关紧要的地方存在差异，真正重要的修改却淹没其中。有许多方法可以将这些不重要的差异过滤出去。如果每行的前导字段包含不同的元素，比如时间戳和进程 ID，可以使用 cut 或 awk 命令将其删除。例如，下面这条命令会从 UNIX 的 `messages` 日志文件中每行文本的第 4 个字段开始显示，这样就从输出中删除了时间戳信息。

```
cut -d ' ' -f 4- /var/log/messages
```

应该仅选择自己感兴趣的事件，例如，如果感兴趣的是打开的文件，则可以使用 grep `'open('` 命令。再就是去掉存在干扰的行，例如，对于 Java 程序中那些大量的获取时间的调用，可以使用 grep -v gettimeofday 这样的命令去掉。还可以在 sed 命令中指定适当的正则表达式来去掉自己不感兴趣的部分内容。

最后，来看一个更高级的非常有用的技术：如果两个文件各自的排序方式不利于 diff 命令产生有用的结果，那么可以提取我们感兴趣的字段，对其进行排序，然后使用 comm 工具在这两个有序的集合中寻找不同的元素。可以考虑这样一个任务，对于两个跟踪文件 t1 和 t2，看看哪些文件只在 t1 中打开了。在 UNIX Bash shell 中，假设要在包含字符串 open(的文本行中，找出第二个字段（文件名）的差异，该命令如下：

```
comm -23 <(awk '/open\(/{print $2}' t1 | sort) \
         <(awk '/open\(/{print $2}' t2 | sort)
```

小括号中的两个元素会分别产生一个由传递给 open 的文件名组成的有序列表。comm（寻找共同元素）命令以这两个列表作为输入，输出仅出现在第一个列表中的文本行。

> **要点**　◆ 比较正常系统和故障系统的行为，以找出故障的原因。
> 　　　　◆ 考虑所有可能影响系统行为的因素，包括代码、输入、调用参数、环境变量、服务以及动态链接库。

条目 6：使用软件自带的调试工具

程序是一种很复杂的东西，因此它们通常会内置调试支持。（关于如何向正在开发的软件添加此类特性，可参见条目 40。）这有很多好处，包括但不限于下面几点。

- 通过禁用后台执行或多线程执行等特性，使程序更容易调试。
- 通过有选择地执行某些部分，精确定位到出现故障的测试用例。
- 提供与性能相关的报告和其他信息。
- 引入额外的日志记录。

因此，我们应该花些时间找出需要调试的软件所提供的调试工具。在程序的文档和源代码中搜索 debug，可以找到一些命令行选项、配置设置、构建选项、信号（在 UNIX 系统中）、注册表设置（在 Windows 系统中），或者可以在命令行界面中执行的命令，用来启用程序的调试模式。

通常情况下，设置了调试选项之后，程序会输出更详细的内容，从而让内部执行的操作更加透明，而且有时内部会执行更简单的操作。（遗憾的是，这些设置也有可能导致某些 bug 不再出现。）我们可以使用扩展的日志输出来研究故障背后的原因（参见条目 56）。下面是一些例子。

调试功能有个简单的例子，即提供一个详细说明所执行动作的命令。例如，UNIX shell 提供了 -x 选项，用于显示所执行的命令。这对于调试棘手的文本替换问题非常有用。下面是一个 shell 循环的示例。

```
find-git-repos |
while read repo ; do
  data=$(echo $repo | sed 's/repos/data/')
  # Skip if done
  test -r $data.out && continue
  # Obtain time series
  qtimeseries $(pwd)/$repo >$data.out 2>$data.err
done
```

在启用跟踪的情况下调用这个包含循环的 shell 脚本：

```
sh -x script.sh
```

这将生成下面这样的输出，详细列出了所执行的命令（脚本中的变量已经替换掉了）。

```
+ read repo
+ echo repos/mysql-server
+ sed s/repos/data/
+ data=data/mysql-server
+ test -r data/mysql-server.out
+ continue
```

通常情况下，可以将一系列选项组合起来，使得程序的执行适合调试某个问题。考虑调试一个 ssh 连接失败的故障。不要修改全局的 sshd 配置文件或密钥，因为这存在把所有人都"锁"在外面的风险，可以使用-f 选项指定自定义的配置文件，使用-p 选项指定与默认端口不同的端口。（注意，客户端也必须指定相同的端口。）添加-d（调试）选项，进程会在前台运行，并在终端上显示调试消息。下面就是我们要在发生连接问题的两台主机上运行的命令。

```
# Command run on the server side
sudo /usr/sbin/sshd -f ./sshd_config -d -p 1234
# Command run on the client side
ssh -p 1234 server.example.com
```

运行以上命令将生成图 1.1 所示的调试输出。最后一行指出了连接失败的原因。

```
debug1: sshd version OpenSSH_6.6.1p1_hpn13v11 FreeBSD-20140420,
OpenSSL 1.0.1p-freebsd 9 Jul 2015
debug1: read PEM private key done: type RSA
[...]
Server listening on :: port 1234.
debug1: Server will not fork when running in debugging mode.
debug1: rexec start in 5 out 5 newsock 5 pipe -1 sock 8
debug1: inetd sockets after dupping: 3, 3
Connection from 10.212.168.34 port 57864
debug1: Client protocol version 2.0; client software version
OpenSSH_6.7p1 Debian-5
[...]
debug1: trying public key file /home/dds/.ssh/authorized_keys
debug1: fd 4 clearing O_NONBLOCK
Authentication refused: bad ownership or modes for directory
/home/dds/.ssh
```

图 1.1　在启用调试模式的情况下，ssh 守护进程的输出

调试工具还可以帮助我们精确定位性能问题。考虑下面两条 SQL 查询语句：

```
select count(*) from commits where au_id = 1;
select count(*) from commits where
  created_at = '2012-08-01 16:25:36';
```

第一条语句不到 10ms 就可以执行完成，而第二条语句的执行时间超过 3min。使用 SQL 的 explain 语句，可以发现第二条查询语句执行时间长的原因（其实在这种情况下原因是显而易见的）。

```
explain select count(*) from commits where au_id = 1;
explain select count(*) from commits where
  created_at = '2012-08-01 16:25:36';
```

　　两条语句的输出见图1.2。第一条语句对应的查询使用了索引，因此只扫描了匹配的21行。第二条语句对应的查询没有使用索引，因此扫描了表中全部的超过2.22亿行数据，才最终找出4条匹配的。

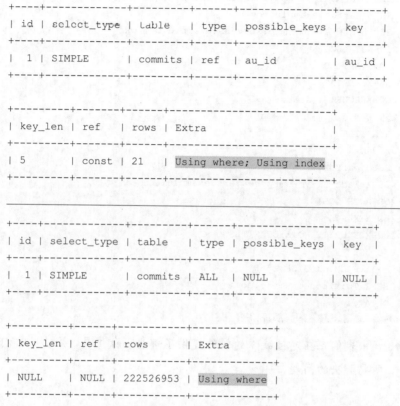

```
+----+-------------+---------+------+---------------+-------+
| id | select_type | table   | type | possible_keys | key   |
+----+-------------+---------+------+---------------+-------+
|  1 | SIMPLE      | commits | ref  | au_id         | au_id |
+----+-------------+---------+------+---------------+-------+

+---------+-------+------+-------------------------+
| key_len | ref   | rows | Extra                   |
+---------+-------+------+-------------------------+
| 5       | const | 21   | Using where; Using index |
+---------+-------+------+-------------------------+
```

```
+----+-------------+---------+------+---------------+------+
| id | select_type | table   | type | possible_keys | key  |
+----+-------------+---------+------+---------------+------+
|  1 | SIMPLE      | commits | ALL  | NULL          | NULL |
+----+-------------+---------+------+---------------+------+

+---------+------+-----------+-------------+
| key_len | ref  | rows      | Extra       |
+---------+------+-----------+-------------+
| NULL    | NULL | 222526953 | Using where |
+---------+------+-----------+-------------+
```

图 1.2　explain 语句的输出，第一个查询使用了索引，第二个查询未使用索引

　　还有一种调试功能，使得用户可以精确定位到某种具体的情况。例如，有一台主机正在忙碌地投递成千上万条电子邮件消息，但有一条没有投递成功，我们想了解原因。可以使用-v 选项显示详情，使用-M（消息投递）选项来指定未发送成功的消息的标识符，调用邮件服务器 Postfix 的 sendmail 命令：

```
sudo sendmail -v -M 1ZkIDm-0006BH-0X
```

这将生成类似下面的输出。最后一行指出了问题所在。

```
delivering 1ZkIDm-0006BH-0X
LOG: MAIN
  Unfrozen by forced delivery
```

```
R: smarthost for root@example.com
T: remote_smtp_smarthost for root@example.com
Connecting to blade-a1-vm-smtp.servers.example.com
[10.251.255.107]:25 ... connected
  SMTP<< 220 blade-a1-vm-smtp.servers.example.com ESMTP
  SMTP>> EHLO parrot.example.com
  SMTP<< 250-blade-a1-vm-smtp.servers.example.com Ok.
       250-AUTH LOGIN
       250-STARTTLS
       250-XEXDATA
       250-XSECURITY=NONE,STARTTLS
       250 DSN
  SMTP>> STARTTLS
  SMTP<< 220 Ok
  SMTP>> EHLO parrot.example.com
  SMTP<< 250-blade-a1-vm-smtp.servers.example.com Ok.
       250-AUTH LOGIN
       250-XEXDATA
       250-XSECURITY=NONE,STARTTLS
       250 DSN
  SMTP>> MAIL FROM:<> SIZE=2568
  SMTP>> RCPT TO:<root@example.com>
  SMTP>> DATA
  SMTP<< 535 Authentication required.
```

要点   ◆ 找出我们正在定位故障的软件提供了哪些调试工具，并使用它们来排查
所要解决的问题。

条目 7：多样化你的构建和执行环境

有时，通过改变执行环境可以找出那些微妙、难以捉摸的错误。可以使用别的编译器来构建这个软件，或切换到其他的运行时解释器、虚拟机、中间件、操作系统或 CPU 架构。这种方法之所以有效，是因为其他环境有可能会对我们提供给某些例程的输入执行更严格的检查，或是因为其他环境的结构可以将我们的错误凸显出来（参见条目 17）。因此，如果遇到应用程序不稳定，或出现了无法重现的崩溃问题，或存在可移植性问题，可以尝试在另一个环境中测试。这样就有机会使用更高级的调试工具，比如带 GUI 的调试器或 DTrace（参见条目 58）。

在另一个操作系统上编译或运行软件，可以发现有关 API 使用的错误假设。例如，有些

C 语言和 C++的头文件中往往会声明一些严格来说并不需要的实体，这可能会导致我们忘记包含真正需要的头文件，进而导致软件在客户的平台上出现可移植性问题。此外，有些 API 的实现在不同操作系统之间可能存在显著差异：Solaris、FreeBSD 和 GNU/Linux 提供了不同的 C 语言库实现，而桌面和移动版本的 Windows API 目前也依赖于不同的代码库。注意，这些差异也可能影响底层使用了 C 语言的库和 API 的解释型语言，如 JavaScript、Lua、Perl、Python 或 Ruby。

在接近硬件的语言中，如 C 语言和 C++，底层的处理器架构会影响程序的行为。在过去的几十年中，Intel 的 x86 处理器架构在桌面上占据了主导地位，而 ARM 处理器架构在移动设备上占据了主导地位，使得那些在字节序[①]方面甚至是在空指针的处理方面与它们明显不同的架构（SPARC、PowerPC，以及 VAX[②]）不那么流行了。然而，在 x86 处理器架构和 ARM 处理器架构上，非对齐内存访问和内存布局的处理仍然存在差异。例如，在某些 ARM 处理器上，访问位于奇数内存地址上的一个两字节值会引发错误，而且有可能导致非原子行为。在其他一些架构上，非对齐内存访问有可能严重影响应用程序的性能。此外，结构体的大小及其成员的偏移量，在不同架构之间可能会有所不同，当使用的编译器是比较早的版本时，更是如此。更重要的是，当程序从 32 位架构迁移到 64 位架构时，或从一个操作系统迁移到另一个操作系统时，基本类型元素（比如 `long` 和指针值）的大小也会发生变化。考虑如下程序，它显示了 5 个基本类型元素的大小。

```
#include <stdio.h>

int
main()
{
    printf("S=%zu I=%zu L=%zu LL=%zu P=%zu\n", sizeof(short),
        sizeof(int), sizeof(long),
        sizeof(long long), sizeof(char *));
}
```

以下是它在一些有代表性的情况下的输出。

---

① 字节序（byte ordering）是指在计算机内存中，由多个字节组成的值，其字节的排列顺序。如果低位字节在低地址，高位字节在高地址，则为小端（little-endian）字节序，如果正好相反，则为大端（big-endian）字节序。比如，x86 处理器是小端字节序，SPARC、PowerPC 是大端字节序，ARM 支持两种字节序，但绝大部分实现都选择了小端字节序。——译者注
② 在 VAX 架构上，访问空指针会返回 0。——译者注

```
Windows, Microsoft C/C++ 80x86 S=2 I=4 L=4 LL=8 P=4
Windows, Microsoft C/C++ x64   S=2 I=4 L=4 LL=8 P=8
GNU/Linux, GCC, x86_64         S=2 I=4 L=8 LL=8 P=8
GNU/Linux, GCC, armv6l         S=2 I=4 L=4 LL=8 P=4
OS X, LLVM, x86_64             S=2 I=4 L=8 LL=8 P=8
```

因此，在另一个架构或操作系统上运行软件，可以帮助我们调试和检测可移植性问题。

在移动平台上，不仅它们所运行的操作系统版本存在很大的差异（大多数手机和平板计算机制造商都提供了自己修改过的 Android 操作系统），而且硬件也存在很大的差异，包括屏幕分辨率、接口、内存和处理器等方面。能够在各种平台上调试软件，就更为重要。为了解决这个问题，移动应用开发团队通常要购置很多不同的设备。

要在另一种执行环境中调试代码，有 3 种主要方式。

（1）可以在工作站上使用**虚拟机软件**安装和运行不同的操作系统。这种方法有个额外的好处——很容易维护执行环境的一个纯净镜像：只要将配置好的虚拟机镜像复制到程序的主文件中，需要时就可以恢复。

（2）可以使用**廉价的小型计算机**。如果主要的目标架构是 x86 处理器架构，要获得 ARM CPU，比较简单的办法是准备一台树莓派（Raspberry Pi）。这种基于 ARM 处理器架构的微型设备可以运行许多流行的操作系统。它很容易接入以太网交换机，或通过 Wi-Fi 连接。如果主要是在 Windows 或 OS X 上调试代码，这也是接触 GNU/Linux 开发环境的一个契机，可能会有所裨益。此外，如果日常使用 Windows 系统，在桌子下面放一台 Mac mini，就可以轻松体验 OS X 开发环境了。

（3）可以租用**云主机**，运行想使用的操作系统。

要在不同的编译器或运行环境上调试软件，并不总是需要另一个操作系统或设备。可以在自己的开发工作站上构建多样化的生态系统。这样做的话，另一个环境有可能会给出其他错误或警告，还有可能在某些方面执行更严格的检查，但这是很有好处的。与静态分析工具（参见条目 51）的情况类似，与仅使用一个编译器相比，使用不同的编译器通常可以检测到更多问题，既有因为特定编译器的检查不够严格而在不经意间引入的可移植性问题，也有所使用的某个编译器可能不会给出警告的逻辑缺陷。编译器非常擅长将任何合法的代码编译成相应的可执行文件，但有时并不擅长将语言的一些不当使用情况标记出来，例如，有的代码仅当特定的头文件中也声明了某些未在文档中说明的元素时才会工作，编译器未必能发现这类问题。但多一个编译器就像多了一双眼睛，对调试工作有帮助。我们所要做的就是在自己的主要开发环境之外再安装一个替代环境，并将其用作调试生命周期的一部分。以下是一些建议。

- 在使用.NET 框架开发程序时，除了 Microsoft 的工具和环境，还可以同时使用 Mono。

- 在使用 Ada、C 语言、C++、Objective C 等语言开发程序时，可以同时使用 LLVM 和 GCC。

- 在使用 Java 开发程序时，可以同时使用 OpenJDK（或来自相同代码库的 Oracle 公司的产品）和 GNU Classpath，还可以尝试使用多个 Java 运行时。

- 在使用 Ruby 开发程序时，除了 CRuby 参考实现，还可以尝试其他虚拟机，包括 JRuby、Rubinius 和 mruby。

还有一种更激进的选择，就是用另一种语言重新实现部分代码。这在调试一个很棘手的算法时可能会有帮助。典型的情况如下，一开始用一门相对低级的编程语言实现算法，比如 C 语言，不过失败了。这时可以考虑用一门更高级的语言来实现，如 Python、R、Ruby、Haskell 或 UNIX shell。使用所选语言的高级特性（比如集合、管道、过滤器和高级函数上的操作）来实现的替代版本，有可能可以帮我们得到一个功能正确的算法。通过这种方法，我们可以快速识别算法设计中的问题，并修复实现过程中的错误。然后，如果性能真的至关重要，可以再使用原来的语言或某种更接近 CPU 的语言来实现该算法，并使用差异调试技术（参见条目 5）来使其正常工作。

要点 ◆ 多样化的编译和执行平台可以打开我们的调试思路并提供有价值的视野。

◆ 如果遇到棘手的算法，可以选择用高级语言来实现，从而修复之。

条目 8：将工作重点放在最重要的问题上

大多数大型软件系统都存在无数 bug，既有已知的，也有未知的。明智地决定哪些 bug 需要集中精力处理，哪些 bug 可以忽略，有助于提高调试的效率。因此，我们应该通过问题跟踪系统（参见条目 1）来设定优先级，从而集中精力处理优先级较高的 issue，并忽略优先级较低的 issue。下面是帮助我们设定优先级的一些要点。

对于以下各类问题，应该给予高优先级。

- **数据丢失**。这可能是数据损坏或可用性问题导致的。用户将其数据委托给我们的软件来管理，这是一种信任。如果数据丢失了，就会破坏这种信任，而信任一旦失去，很难再恢复。

- **系统安全问题**。这可能影响软件数据的保密性或完整性、软件运行所基于的系统的完整性、软件所提供的服务的可用性。此类问题经常被恶意人员利用，因此可能导致巨大的经济损失和声誉损失。

- **服务可用性降低**。如果软件是提供服务的，宕机时间造成的损失可能是以美元计算的，有时甚至达到数百万美元。

- **生命财产安全问题**。这些问题可能导致人员伤亡、财产损失，或对环境造成危害。前面的问题也有可能造成这方面的影响。如果软件有可能造成这类问题，则需要用更严格的检查清单来指导自己的行动。

- **崩溃或冻结**。这可能导致数据丢失或宕机，而且也有可能是底层安全问题的信号。幸运的是，通常可以通过事后的分析技术（参见条目 35），轻松地调试崩溃或无响应的应用程序。因此，这类问题通常不应该设定为低优先级。

- **代码健康状况**。编译器警告、失败的断言、未处理的异常、内存泄漏，以及总体而言较差的代码质量，都是严重 bug 滋生的土壤。因此，不要让这些问题持续存在和累积（参见条目 20）。

对于以下各类问题，可以给予低优先级。但并不是说这些问题本身不值得关注，只是可以暂时搁置，以便我们将精力放在更紧急的问题上。

- **对遗留平台的支持**。对过时的硬件、API 和文件格式提供支持虽然值得称道，但从商业角度来看，并不会带来很大的收益，因为这是在支持一个日渐萎缩的市场。

- **向后兼容**。这些问题的优先级并不是板上钉钉的。一方面，如果将过去的用户抛诸脑后，就会失去客户的好感。有些公司，比如尼康，其多代产品都保持了良好的兼容性，我们仍然可以在现在的尼康相机上使用 20 世纪 70 年代的尼克尔镜头，这为公司建立了良好的声誉。另一方面，有些成功的软件公司以其"不留余地"的方式而闻名，他们毫无顾忌地放弃了对老版软件和服务的支持。有时，为了专注于未来，放弃对旧特性的支持可能是值得的。

- **界面问题**。这些问题可能极难解决，而且容易被忽视。客户不太可能因为一个气泡式的帮助提示项没有显示完整而流失。但要根据屏幕的每英寸点数（Dots Per Inch，DPI）设置动态调整该帮助提示项面板的大小，可能是一场噩梦。

- **已经有记录的变通解决方案的问题**。将变通解决方案记录下来，可以避免调试一些棘手的问题。在打开电视机之后，笔者第一次尝试使用电视遥控器操作媒体播放器时，收到了"请重试"的提示。可能因为要正确解决这个小问题是个大工程，所以厂商给出了这样的变通解决方案。

- **极少用到的特性**。对于和软件的某个较为奇怪、极少用到的特性相关的问题，与花时间解决这些问题相比，直接删除该特性可能效率更高。当然，对于删除该特性有可能导致的小问题，也要妥善处理。收集与软件使用情况相关的数据，可以帮助我们更轻松地做出这样的决定。

注意，在决定忽略低优先级问题时，应该明确说明。可以将其记录在问题跟踪系统中，并注明"不解决"，然后将其关闭。这样就可以将我们所做过的决定记录下来，也有助于避免未来遇到重复问题时的管理成本。

要点　◆　不是所有的问题都值得解决。
　　　 ◆　修复低优先级的问题可能会浪费时间，使我们没空解决高优先级问题。

第 2 章   通用方法与实践

调试故障的方式往往取决于所采用的底层技术和开发平台。不过有一些适用于各种情况的通用方法。

条目 9: 为调试的成功做好准备工作

软件往往是极其复杂的。以机械手表（硬件）为例，其机芯包含上百个零件；再看家庭的线路情况，也就是一些简单组件的若干倍而已。对比一下，典型的软件系统动辄包含成千上万行代码。看看最复杂的情况，Linux 内核包含 900 万行代码，与之相比，A380 客机包含 400 万个零件。软件的复杂性可见一斑。因此，大脑需要尽可能多的帮助，来应对软件的这种复杂性。

首先，要相信问题是可以找到并解决的。心理状态会影响我们的调试表现，这就是专家们所说的感知到的挑战与实际技能之间的匹配。如果不相信自己可以解决问题，思维就会徘徊不前，甚至干脆放弃。在这种情况下，我们可能只会在问题的表象上修修补补，并没有从根本上将其解决，而这最终可能会损害代码。这一点需要牢记。

如果问题是可重现的，那么毫无疑问，可以解决它！（通常可以按照本书中的建议进行。）如果问题无法重现，也有办法使其重现。在调试时，通常有两个重要的助手：一个是可能要用到的所有数据，另一个是能够处理这些数据的计算机。可以检查问题的表现、日志、源代码，甚至机器指令，还可以在软件栈中的任何位置添加详细的日志输出语句（或者，至少添加一些监控探针），然后使用工具或简短的脚本来对大量的数据进行筛选，以找到罪魁祸首。正是这种既能广撒网，又能在需要时深入挖掘的综合能力，使调试成为可能，而且这个过程也会给我们带来一种独特的愉悦体验。

要能高效地进行调试，还需要留出充足的时间。调试是一项要求很高的活动，比编程更复杂，因为它对我们的要求是，既要了解程序的逻辑，又要了解其潜在影响，而且这种了解通常是指对程序底层的了解。如果问题可以非常高效地重现，还需要完全正确地设置环境、断点、日志、窗口和测试用例。不要在还没解决 bug 的时候停下来，至少不要在还没有准确理解下一步需要做什么的时候停下来，否则前面投入的时间就都浪费了。

调试的复杂性还要求我们**在没有干扰的情况下工作**。大脑需要时间来进入一种称为"心流"的状态，在这种状态下，我们会完全沉浸和投入一项活动中。心流这个概念是由 Mihály Csíkszentmihályi 提出的。根据他的说法，在心流状态中，情绪会与所执行的任务相契合。心流状态会给人带来一种成就感，而这种成就感可以提升我们的毅力和工作表现。当面对调试复杂系统所带来的巨大困难时，这些都是成功的关键因素。弹出的消息、打来的电话、正在进行的聊天、社交网络的更新或同事的求助，都会分散我们的注意力，将我们从心流状态中拉出来，我们也就享受不到心流带来的好处了。要避免这些情况出现！退出不必要的应用程序，将手机设置为静音模式，并在显示器上挂上"请勿打扰"的牌子，如果有自己的办公室，也可以在门上挂个牌子。

另一个有用的策略是，**将困难的问题放在一边，先睡一觉**。研究人员发现，在睡眠期间，我们的神经元会在看似不相关的路径之间建立连接。在调试过程中，这可能会大有帮助。在调试工作看起来陷入了死胡同时，尝试一种跳出条条框框的调试策略，往往会有奇效。睡眠正是建立这种新连接所需的过程。然而，要想让这种机制发挥作用，我们还要做好正确的准备。在睡觉之前，要认真思考这个问题，这会为大脑寻找创新的解决方案提供必要的数据。如果一遇到困难就放弃，喝杯啤酒就上床睡了，这不会有很大的帮助。此外，要保证充足的睡眠，这样在第二天，大脑的意识可以在潜意识的配合下高效工作。

没有人会认为调试很容易，所以要想高效地调试，就必须**坚持不懈**。从最底层看，计算机是确定性的，所以只要不断深挖，总能定位到错误。而在较高的层面上，为了增强表达能力和效率（比如线程），程序中就引入了非确定性（程序表现出随机性）。对于非确定性错误，可以利用计算机速度快、可编程的特点，运行大量的用例，直到定位到错误。因此，如果调试走进了死胡同，大部分情况是因为还不够坚持，可能是缺少一个测试用例，可能是忽略了一个日志文件，还可能是没有考虑到某个攻击角度。

最后，作为一个高效的调试工程师，必须不断**投资于自己的环境、工具和知识**。只有这样，才能在所使用的技术栈日益复杂的背景下保持竞争优势。回顾过去，笔者在调试上最常犯的错误就是在调试基础设施方面的投入不足。具体而言，可能是下面的某一项没有做到。

- 准备一个健壮的最小测试用例（参见条目 10）。
- 将 bug 的重现过程自动化。
- 将日志文件的分析脚本化。

- 学习某个 API 或语言特性的实际运作方式。

一旦集中精力投入到需要的地方，调试效率就会大幅提升。从那一刻起，笔者常常可以在很短的时间内找出 bug。

要点 ◆ 相信问题可以找到并修复。

　　　　◆ 为调试任务留出充足的时间。

　　　　◆ 确保在没有干扰的情况下工作。

　　　　◆ 遇到困难的问题可以先睡一觉。

　　　　◆ 不要放弃。

　　　　◆ 投资于自己的环境、工具和知识。

条目 10：确保问题能够高效重现

高效调试的一个关键是能够可靠且轻松地重现问题。为什么这一点如此重要呢？原因有这样几条。首先，如果总是可以做到点一下按钮就能重现问题，我们就可以专注于跟踪引发问题的原因，而不是浪费时间东一榔头西一棒槌地试，期望问题再次出现。此外，如果可以提供一个简单的重现问题的方法，我们就很容易利用相关描述去寻求外部帮助（参见条目 2）。最后，一旦修复了错误，也很容易证明这样修复是有效的，只需要再次执行重现问题的步骤，并确认故障不再出现即可。

创建一个能够重现问题的简短示例或测试用例，对于提高效率大有帮助。标准是能够重现问题的最短示例。更高的标准，即所谓的 SSCCE（参见条目 1），示例不仅要短，还要是自包含的、正确的（可以编译和运行）。有了最短示例，我们就不会再浪费时间去探索本可以去掉的代码路径。此外，创建和必须检查的任何日志和跟踪信息的长度也会恰到好处，不会比实际需要的更长。而且，与很长的示例相比，较短的示例也会执行得更快，特别是在本来就会严重影响性能的调试模式下执行时。

为了缩短示例，可以采取自上而下或自下而上的处理方式（参见条目 4），根据情况选择最方便的方法。如果代码有许多依赖项，那么从头开始，自下而上地处理可能更好。如果确实不理解问题可能的原因，那么以自上而下的方式创建一个测试用例，或许有助于减少可能需要处理的情况。

在采用自下而上的方式时，要先推测一下问题出现的原因，比如调用了某个特定的 API，然后构建一个测试用例来展示这个问题。在一个案例中，有一个 27000 行的程序，笔者试图找出为什么其中处理输入文件的复杂代码运行得极其缓慢。通过观察该程序用到的系统调用，笔者推测问题与读取文件时调用的 `tellg` 有关，这个函数负责返回文件流中的偏移量。运行下面这个简短的代码片段，推测得到了证实（参见条目 58）。这段代码还可以用于测试给出的变通解决方案（一个包装器类）。

```cpp
ifstream in(fname.c_str(), ios::binary);
do {
  (void)in.tellg();
} while ((val = in.get()) != EOF);
```

采用自上而下的方式时，要从展示问题的场景中不断删除元素，直到没有元素可删除为止。二分搜索技术往往很有用。假设有一个 HTML 文件无法在浏览器中正常显示，可以先删除该文件中的 head 元素，如果问题仍然存在，就删除 body 元素，如果问题得到解决，恢复 body 元素，然后删除其中的一半。重复这个过程，直到定位到引起问题的元素。可以一直开着编辑器，当进入了错误的路径时，可以使用编辑器的撤销（undo）功能来回溯，这将极大提高效率。

有了一个简短的示例，很容易将其变成自包含的。这意味着我们可以把这个示例拿到其他地方并重现问题，而不需要外部依赖，如库、头文件、CSS 文件和 Web 服务。如果测试用例需要一些外部元素，可以将其与示例打包在一起。且对于这些外部元素，应该使用可移植的符号来引用它们，避免使用绝对文件路径和硬编码的 IP 地址之类的方式。例如，应该使用 `../resources/file.css`，而不使用 `/home/susan/resources/file.css`，应该使用 `http://localhost:8081/myService`，而不使用 `http://193.92.66.100:8081/myService`。自包含的示例将使我们更容易在客户现场演示，在另一个平台上（例如在 Windows 而不是 Linux 上）检查，在问答论坛上发布（参见条目 2），以及将其发给厂商，寻求进一步的帮助。

此外，还需要在**可重复的执行环境**下调试。如果没有将所要调试的代码与运行该代码的系统固定下来，就很有可能在错误的地方浪费工夫。举个例子，假设要调试一个软件的安装程序。每次安装软件时，都会弄乱我们的操作系统配置，而这正是调试时应该避免的。在这种情况下，一个有用的技术是创建一个虚拟机镜像，配置好用于安装软件的纯净系统。在每次安装失败后，都可以非常简单地使用该镜像重新开始。我们也可以使用操作系统级别的虚拟化或容器化工具（如 Docker）来实现类似的效果。甚至还有更好的做法，就是考虑采用系统配置管理工具，如 Ansible、CFEngine、Chef、Puppet 或 Salt。利用这些工具，我们可以用高级指令可靠地创建指定的系统配置。这就使维护生产、测试和开发环境的兼容性变得非常容易，而且可以采用与控制软件相同的方式来控制其演进。

我们也希望每次调试使用的都是同样的软件版本。要做到这一点，首先要选择一款工具，如 Git，对软件进行配置管理。然后，让构建过程在软件中嵌入一个表示源代码版本信息的标识符。下面的 shell 命令会输出一个变量，这个变量是用最后一次提交的 Git 哈希值的缩写形式来初始化的，我们可以以将其嵌入自己的源代码中。

```
git log -n 1 --format='const string version = "%h";'
```

其输出如下所示。

```
const string version = "035cd45";
```

请在自己的软件中添加一种显示版本字符串的方式，可以是一个命令行选项，也可以是"关于"（About）对话框中的一行文字。有了版本标识符，就可以使用以下命令来获得出现故障的软件版本对应的源代码。

```
git checkout 035cd45
```

在构建旧代码时，如果希望构建时所用的版本和发生故障的版本尽量一致，别忘了把会影响最终发布的软件的所有元素都置于版本控制之下，比如编译器、操作系统、第三方库和头文件，以及构建说明（Makefile 文件或 IDE 项目配置）。最后，可能还需要消除工具和运行时环境引入的可变性（参见条目 52）。

> **要点**　◆ 可以重现问题，这一点能够简化调试过程。
>
> 　　　　　◆ 创建一个简短的、自包含的示例来重现问题。
>
> 　　　　　◆ 提供一种机制，支持创建可重复的执行环境。
>
> 　　　　　◆ 使用修订控制系统来标记和检索软件的版本。

条目 11：尽可能缩短从做出修改到看到结果的时间

调试通常是一个逐步逼近的过程。一次又一次地等待软件构建、运行和出现故障的时间，以及一次又一次地让这些步骤正常通过的时间，都没有花在解决问题上。因此，一开始就要想办法减少一次调试周期所花费的时间。

首先从软件构建入手。力争做到用一条命令（如 make 或 mvn compile）或一次击键（如 F5）就**快速构建**出出现故障的软件。构建过程应该跟踪文件之间的依赖关系，确保在修改了某些内容之后，只需要编译少数几个文件。在这方面可以提供帮助的工具有 make、Ant 和

Maven 等。

软件的**高效部署和运行**同样重要。这些步骤在不同项目之间差别很大。比如，我们可能需要将文件部署到远程主机上，重启应用服务器，清除缓存，还可能需要重新初始化数据库。应该使用项目的构建系统，或编写一些脚本来自动化这个过程（参见条目 12）。如果软件的安装比较耗时，比如需要花费较长时间来构建发布文件，具体的安装过程也比较缓慢，可以设置一个快捷方式，只将改动后的文件复制到其最终位置。

最后，要确保软件能够**快速失败**（参见条目 55）。如果出现故障的代码配备了单元测试或回归测试框架，那么可以构建一个用来演示这个具体故障的测试用例（参见条目 10）。然后借助 IDE 或测试环境来运行该测试用例。例如，在 Maven 下，可以使用以下命令运行名为 `TestFetch` 的测试用例。

```
mvn -Dtest=TestFetch test
```

如果所要调试的程序在处理某个特定的文件时会失败，那就构建一个能触发这个故障的最小的文件。要重现 GUI 应用程序中的问题，可以使用软件自动化应用，比如用于 Web 浏览器的 Selenium，用于 Windows 的 AutoHotkey，用于 macOS 的 Automator，以及用于 Linux 的 AutoKey。

> **要点**　◆ 快速的周转时间可以提高调试效率。
>
> ◆ 建立一个快速的自动化构建和部署流程。
>
> ◆ 尽量减少从测试开始到故障出现的时间。

条目 12：将复杂的测试场景自动化

对于复杂的测试场景，可以通过脚本将其自动化。这方面有多种选择。如果要协调多个进程和文件，UNIX shell 提供了很多有用的工具（参见条目 22）。此外，借助 `curl`（获取 URL）和 `jq`（解析 JSON 数据）这样的命令，还可以使用 shell 来测试 Web 服务。在涉及 API 访问和状态维护的复杂情况下，可以使用更复杂的脚本语言，如 Python、Ruby 或 Perl。此外，许多系统都带有内置的脚本语言，例如，Apache HTTP Server、Wireshark 网络数据包分析器和 VLC 媒体播放器都支持 Lua 编程语言。

如果软件本身不支持脚本语言，但我们能够修改它，那么可以考虑将脚本语言集成进去，并添加 API 绑定，将程序中的函数暴露给脚本语言。假设我们实现了一个数学库，现在想构建一个与这个库相关的测试用例。代码清单 2.1 中的 C 语言程序将加载运行 Lua 程序

debug.lua，并将 sin、cos 和 tan 等函数暴露给它。

代码清单 2.1   通过 Lua 将 C 语言函数导出，用于测试

```c
#include <math.h>
#include <lua.h>
#include <lauxlib.h>
#include <lualib.h>

// 暴露给 Lua 的函数
static int l_sin(lua_State *L) {
    double value_as_number = luaL_checknumber(L, 1);
    // 调用这个函数，并返回结果
    lua_pushnumber(L, sin(value_as_number));
    return 1; // 单一结果
}

static int l_cos(lua_State *L) {
    double value_as_number = luaL_checknumber(L, 1);
    lua_pushnumber(L, cos(value_as_number));
    return 1;
}

static int l_tan(lua_State *L) {
    double value_as_number = luaL_checknumber(L, 1);
    lua_pushnumber(L, tan(value_as_number));
    return 1;
}

int main() {
    // 设置 Lua
    lua_State *L = luaL_newstate();
    luaL_openlibs(L);

    // 将函数暴露给 Lua
    lua_pushcfunction(L, l_sin);
    lua_setglobal(L, "lsin");
    lua_pushcfunction(L, l_cos);
    lua_setglobal(L, "lcos");
    lua_pushcfunction(L, l_tan);
    lua_setglobal(L, "ltan");

    // 加载并运行 debug.lua 程序
    luaL_dofile(L, "debug.lua");
    puts("Done");
```

```
        return 0;
}
```

在某个 Debian Linux 发行版上，笔者通过运行 sudo apt-get install lua5.2-dev
安装了 Lua，并运行 cc myprog.c -llua5.2 -lm 编译程序。（关于如何在其他系统上
安装 Lua，其文档中有相关建议。）然后，笔者编写了下面这个很小的 Lua 程序，将其命名
为 debug.lua，并根据正切函数的定义来验证程序中函数的精确性。

$$\tan\theta = \frac{\sin\theta}{\cos\theta}$$

```
epsilon = 1
errors = 0
while epsilon > 0 and errors < 2 do
    for theta = 0, 2 * math.pi, 0.1 do
        diff = lsin(theta) / lcos(theta) - ltan(theta)
        if (math.abs(diff) > epsilon) then
            print(epsilon, theta, diff)
            errors = errors + 1
        end
    end
    epsilon = epsilon / 10
end
```

运行 C 语言程序，将加载上面的 Lua 代码，并生成如下输出：

```
1e-14 4.7    1.4210854715202e-14
1e-15 1.5    1.7763568394003e-15
1e-15 4.7    1.4210854715202e-14
```

在更真实的场景中，这个 C 语言程序就相当于大型应用程序，这些三角函数就相当于我
们想检查的应用程序中的函数，利用 Lua 程序，可以轻松调整为这些函数编写的测试用例。

要点 ◆ 可以利用脚本语言将复杂测试用例的执行变为自动化的。

条目 13：尽量比较全面地将调试数据展示出来

要实现高效的调试，必须处理各种各样的数据，还要将其关联起来，像源代码、日志条
目、变量的值、栈的内容、程序 I/O 以及测试结果等，这些数据往往来自多个进程和计算主
机。将所有这些数据都恰当地呈现出来，有很多好处。其一，它使我们有机会发现相关性，
比如，在测试失败时，恰好出现了某个日志条目，那么这个日志可能与 bug 存在关联。其二，
它最大限度地减少了进行上下文切换的开销，以及由此带来的干扰。当对代码进行单步调试

时，我们不得不通过输入命令或切换窗口来查看某些变量的值，这会影响我们的心流状态（参见条目 9），而这种状态可能是发现关键连接所必需的。其三，如果有足够的显示空间展示很长的行，可以帮助我们发现一些本来有可能错过的模式。很多代码风格的指南规定，代码行的宽度应该在 70~80 个字符，很可能你也是按照这样的规定设置的编辑器窗口。然而，日志文件和栈轨迹信息中经常有一些很长的行，如果窗口设置的行宽是 80 个字符，长行就要换行多次才能显示完整，这会增大阅读和分析的难度。如果这些长行不用换行就能完整地显示出来，有些模式就会自动浮现在我们脑海中，如图 2.1 所示。

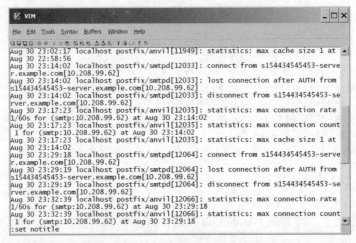

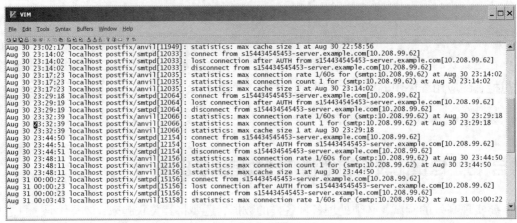

图 2.1　日志文件在行宽不同的编辑器中的显示效果（上图为默认设置，下图为宽视图设置）

如果想增加调试时可以检查的数据信息，下面是几种方法。

首先，将显示区域最大化。很多开发人员会使用两台或更多台高分辨率的显示器。（使用廉价的电视屏幕是不够的，它们显示的字符会很模糊。）要支持多台显示器，还需要一个强大的图形接口。如果使用的是笔记本计算机，可以外接一台显示器，并将其用作扩展屏，而不是直接将显示信息复制过去，这样我们可以看到更多内容。在所有这些情况下，不要羞于将编辑器或终端窗口切换到全屏模式。这在现代的全高清显示器上可能看起来很傻，但对于某些调试任务来说，能够看到数据周围的各种信息，是不可或缺的。如果数据仍然显示不下，可以把字体调小，或使用投影仪。

将数据打印出来也是非常有效的。以分辨率只有 600dpi 的激光打印机为例，它可以在信纸大小的纸上打印出 6600×5100 个像素，比显示器能显示的信息多得多，所以可以利用打印机来显示更多数据，而且更清晰。对于变化不大的项目，如数据结构定义和代码清单，可以将其打印出来，腾出屏幕来显示调试会话中经常变化的部分。最后，用于打印程序清单的优良介质无疑是 15 英寸（约 38 厘米）的绿条折页纸。在这种纸上可以打印行宽为 132 个字符的文本，而且纵向长度是没有限制的。还请保护好它。

要点 ◆ 如果能够同时看到大量的数据，我们在调试的时候就可以更加专注，也就更有可能发现数据中的模式和相关性。

◆ 使用我们能够获得的最大显示区域。

◆ 将相对而言不怎么会变化的数据打印到纸上。

条目 14：考虑更新软件

错误并不一定就出现在我们编写的代码中。处理代码的编译器或解释器、所使用的库、所依赖的数据库和应用服务器，以及承载这一切的操作系统，都有可能存在 bug。例如，在撰写本书时，Linux 源代码中就包含 2700 多条带有×××字样的注释，通常用来说明代码可能存在问题，其中有一些肯定是 bug。

因此，上文提到的这种代码之外的 bug，有些是可以通过**更新**软件来解决的。对于要打包发布的软件中比较隐晦的 bug，有时换个更新的编译器就能解决。如果交付的是基于软件的服务，那么更新中间件、数据库和操作系统可能也会有帮助。至少要尝试用最新的版本来构建、链接或运行一下代码，以消除第三方 bug 存在的可能性。然而，请记住，保守的升级策略还是有很多好处的，因为用户不知道新的软件版本会引入什么问题。很多中间件的向后兼容性都比较有限，所以有经验的用户在进行更新时通常会特别谨慎，他们会在能够解决其问题的 bug 修复版本中选择发布最早的那版。另外，新的软件可能会引入新的 bug 和不兼容的地方，所以至少不要急于求成。如果升级不成功，或升级之后没有解决我们遇到的 bug，要有合理的回退计划。有个可靠且简单的实现这一目标的方式，是在沙盒中更新第三方代码，比如在一个用完就可以丢弃的虚拟机镜像副本中更新。升级软件有可能解决问题，但是无论如何，不要对此期望过高。

除非有证据表明外部代码存在问题，否则最好假设它们是正确无误的。大多数情况下，归咎于第三方的 bug，实际上是我们自己的问题。在过去的三十年里，笔者修复自己编写的代码中的 bug 就有成千上万个。而在此期间，笔者遇到的第三方 bug 非常少。具体而言：某个广泛使用的商用编译器会生成不正确的代码，这样的情况有一次；库中的 bug 有几个；操作系统的某个功能不可靠，这样的情况也有一次；系统调用文档中的错误有少数几个；工具和其他系统软件中的错误会多一些，不过也就是几十个左右。因此，更新软件给我们带来的最大的好处，是让我们下定决心，把自己的事情做好。

要点　　◆ 在更新之后的环境中尝试运行出现故障的系统。
　　　　◆ 不要对更新软件期望过高。
　　　　◆ 要考虑到第三方软件存在 bug 的可能性。

条目 15：查阅第三方软件的源代码，深入了解其正确使用方式

很多时候，之所以会出现问题，是因为所调试的代码使用第三方库或应用程序的方式不对，并不是软件中真的存在 bug（参见条目 14）。

这并不奇怪，因为第三方软件是作为一个黑盒子和我们的代码集成在一起的，可调整的余地不大。对于这类问题，有个很有用的调试方法，就是查看第三方库、中间件甚至更底层软件的源代码。

首先，如果想知道为什么某个 API 的表现不符合预期，或者想知道一条含义模糊的错误消息到底是由什么触发的，**在相关第三方软件的源代码中阅读感兴趣的部分**，就有可能找到答案。要调试与库相关的功能，可以先在其源代码中找到相关函数或方法的定义，并以此为起点跟踪代码。之所以要这样做，很多时候并不是要寻找库代码中的 bug，而是要更好地理解这个库是如何工作的，以及它是如何与我们的代码连接起来的。要理解错误消息背后的逻辑，可以将消息文本作为关键词，在所有代码中搜索，并检查导致该错误消息的代码（参见条目 23 和条目 4）。借助 ctags 或 etags 程序（大多数编辑器都支持读取它们输出的索引信息）为代码建立索引，或借助集成开发环境（Integrated Development Environment，IDE），可以

快速定位到要查找的函数或方法。与 ctags 相比，IDE 能够更好地处理重载（overloading）、重写（overriding）和模板（template）等复杂的语言特性。另一方面，etags 的优势在于支持的编程语言更多，比如其 5.8 版本就支持多达 41 种语言。在源代码目录上运行下面的命令，就可以为该目录下的所有文件创建索引：

`ctags -R .`

如果所使用的第三方代码是开源的，还可以通过某个托管服务（如 searchcode）来搜索。

还有一种更为强大的技术，就是**构建带有调试信息的第三方库**（参见条目 28），然后将自己的代码与所构建的调试版本的库链接起来。这样，就可以像调试自己的代码一样，使用符号调试器（参见第 4 章）轻松地对第三方库的代码进行单步调试，并检查相关变量的值。需要注意的是，有些厂商（如 Microsoft）在发布库的时候会提供构建好的调试版本，或提供符号信息，对此就不用费力气自己构建了。

如果碰巧发现错误就是在第三方代码中，而不是在我们的代码中，在可以访问其源代码的情况下，可以在源代码中直接修正。然而，除非万不得已，比如没有合理的解决方案，而且也无法让厂商为我们修复，否则不要这样做。一旦我们修改了第三方代码，就要在自己应用程序的整个生命周期内，对这个第三方代码的后续版本进行相应的修改。还要确保修改的第三方代码不会违反相关法律。有些厂商在发布代码时使用的许可证，允许我们查看代码，但不允许修改。对于开源软件，合理的选择是将修改提交给该代码所在的项目。这也是正确的做法。如果该项目托管在 GitHub 上，只需要发起一次拉取请求（pull request）即可。

上面介绍了很多优秀的技术，但要让它们发挥作用，**首先要有第三方软件的源代码**。如果使用的库或应用程序是开源的，这就非常简单了。单击一个按钮，就能把源代码下载下来。某些开源操作系统的发行版还支持以包的形式下载源代码。在 Debian Linux 上，可以使用下面的命令来安装 C 语言库的源代码：

`sudo apt-get install glibc-source`

此外，很多软件开发平台会将其源代码的重要部分直接安装在我们的系统上。例如，对于 Microsoft 的 Visual Studio，可以在路径 VC\crt\src 下找到 C 运行时库的源代码，而对于 Java 开发工具包（Java Development Kit，JDK），可以在一个名为 src.zip 的存档文件中找到其源代码。还有一些情况，在订购第三方软件时，可能需要支付额外的费用才能获取源代码。如果价格不是很高，可以将源代码买过来。如果等到需要的时候再想获取其源代码，就需要花费大量的时间来制定预算、下订单以及制定必要的协议。此外，到时候厂商可能已经停止支持我们使用的版本，甚至可能已经倒闭。提前获得专有软件的源代码，可以避免出现类似的问题。

要点　◆ 获取所依赖的第三方软件的源代码。

　　　◆ 如果出现了与第三方 API 相关的问题，或出现了含义模糊的错误消息，可以通过查看其源代码来探索原因。

　　　◆ 尝试链接第三方库的调试版本。

　　　◆ 只有别无选择时，才直接修改第三方代码。

条目 16：使用专门的监控和测试设备

在调试嵌入式系统及系统软件时，有时需要用户具备检查和分析从硬件到应用程序的整个计算栈的能力。当深入硬件层面时，调试涉及检测电子流的微小变化，以及磁矩的对齐情况。在大多数情况下，可以通过强大的 IDE 以及跟踪和日志记录软件来查看发生了什么。然而，在某些情况下，靠这些工具仍然弄不明白。这往往发生在软件与硬件交互的情况下：你认为软件表现正常，但硬件似乎有自己的"想法"。例如，明明将正确的数据写入了磁盘，但读取到的数据却是坏的。当调试接近硬件层面的问题时，或许存在某个比较高级的设备可以提供较大的帮助。

逻辑分析仪就是一个很有用的通用工具。它可以捕获、存储和分析以每秒数百万次的采样速度进入的数字信号。在过去，这类设备的价格昂贵，但现在花大约 100 美元就可以买到一台便宜的基于 USB 的逻辑分析仪。借助这样的设备，可以监控硬件板上任意的数字信号，还可以监控组件之间使用的更高级的通信协议。这类设备支持的协议种类繁多，以 Saleae 这家厂商的产品为例，支持的协议有 SPI、I2C、serial、1-Wire、CAN、UNI/O、I2S/PCM、MP Mode、Manchester、Modbus、DMX-512、Parallel、JTAG、LIN、Atmel SWI、MDIO、SWD、LCD HD44780、BiSS C、HDLC、HDMI CEC、PS/2、USB 1.1 及 Midi 等。

如果你专攻某项技术，还可以购置专用的设备，如协议分析仪或总线分析仪。举例来说，车辆和其他微控制器经常通过所谓的 CAN（Controller Area Network，控制器局域网）总线进行通信。有些公司提供了独立的自包含模块，可以插入总线，对总线上交换的流量进行过滤、显示和记录。对于其他一些广泛使用的或专用的物理互联方式或协议，如 Ethernet、USB、Fibre Channel、SAS、SATA、RapidIO、iSCSI、sFPDP 和 OBSAI，也有类似的产品。与基于软件的解决方案相比，这些设备可以保证在其宣称的线路速率下工作，它们支持监控多个流量通道，还允许用户根据在数据包帧内部观察到的位模式（bit pattern）来定义触发器和过滤器。

如果没有专用的调试硬件，也可以**临时制造**一个满足自身需求的设备。这可以帮助我们研究难以重现的问题。几年前，笔者和同事遇到一个 Web 表单下拉框上的数据丢失的问题。困扰我们的是，这个问题的发生频率很低，无法重现，但因为这个应用的用户基数非常大，所以连日来受影响的用户也不少。通过观察这些用户的分布，我们发现，他们往往位于偏远地区。所以笔者假设问题与他们的互联网连接质量有关，当时笔者用锡纸将一个 USB 无线调制解调器包裹起来模拟比较差的网络连接，然后通过它连接到应用程序的 Web 界面，那个问题马上就出现了，而且很容易重现（参见条目 10），接下来我们在短短几个小时内就解决了问题。

如果要调试的是运行在某个设备上的**嵌入式软件**，而且这个设备缺乏像样的 I/O 机制，可以利用下面这些技巧实现与所调试软件的通信。

- 如果设备有状态指示灯或蜂鸣器，可以使用编码的闪烁方式或蜂鸣声来指示软件的运行情况。例如，可以用一次短促的蜂鸣声表示软件进入了某个特定的例程，用两次蜂鸣声表示软件退出了该例程。还可以使用莫尔斯电码发送更复杂的消息。
- 将日志输出存储在非易失性存储器中（甚至可以使用 U 盘），然后在自己的工作站上检索数据以进行分析。
- 实现一个简单的串行数据编码器，并使用它将数据写到一个尚未用到的 I/O 引脚上。然后，可以将信号电平转换为 RS-232 电平，并使用串口转 USB 口的适配器将其连接到现代计算机上，再使用终端应用程序来读取数据。
- 如果设备有网络连接，显然可以通过网络进行通信。如果它没有支持网络日志（参见条目 41）或远程 shell 访问的软件，可以通过 HTTP 甚至 DNS 请求与外界进行通信。

在监控**网络数据包**时，可以对网络硬件进行设置，使之支持软件数据包分析器，比如开源的 Wireshark 软件包。笔者的笔记本计算机上运行的 Wireshark 版本声称支持 1514 种（网络和 USB）协议和数据包类型。如果可以在同一台主机上运行想要调试的应用程序和 Wireshark，那么对网络数据包的监控就是小菜一碟了。只需要启动 Wireshark，指定我们想捕获的数据包，就可以详细查看它们了。

监控不同主机之间的流量，比如应用服务器与数据库服务器之间，或应用服务器与负载均衡器之间，可能会更加棘手。问题在于，交换机（switch，将网线连接到一起的设备）将两个端口之间的流量与其他流量隔开。不过有多种选择来克服这个困难。

如果你的组织使用的是管理型交换机（managed switch，这种交换机比较昂贵），可以将一个端口流量设置为另一个端口流量的镜像。将想要监控的服务器流量镜像到运行 Wireshark 的计算机所连接的端口上，这样就可以捕获和分析服务器的流量了。

如果你无权使用管理型交换机，可以尝试使用以太网集线器（hub）。相较管理型交换机，以太网集线器要简单得多，它们会将接收到的以太网流量广播到所有端口。由于集线器已经不再生产了，所以它们往往比廉价的交换机还要贵一些。将想要监控的计算机和运行 Wireshark 的计算机连接到一个集线器上，就可以开始监控流量了。

还有一种监控远程主机的方式，是使用像 tcpdump 这样的命令行工具。远程登录到想要监控的主机上，并运行 tcpdump 来查看感兴趣的网络数据包（这类操作需要管理员权限）。如果想使用 Wireshark 的 GUI 进行进一步分析，可以先使用 tcpdump 的 -w 选项将原始数据包写入文件中，之后再使用 Wireshark 进行详细分析。这种工作模式对于云主机特别有用，因为我们不太容易调整其网络配置。

最后一种可能的选择是使用以太网网桥，在一台计算机上设置一个网桥，将想要监控的计算机和网络其他部分之间的网络数据包复制下来[①]。我们可以在这台计算机上配置两个网络接口（例如，一个是本机的网络端口，另一个是基于 USB 的端口），用网桥将其连接到一起。要使用网桥，在 Linux 上可以借助 brctl 命令，在 FreeBSD 上可以配置 if_bridge 驱动程序。

还可以对设备进行类似的配置来模拟各种网络场景，比如模拟来自位于世界各地主机上的网络数据包，模拟流量整形、带宽限制和防火墙配置等。这种情况下需要使用的软件是运行在 Linux 下的 iptables。

要点 ◆ 逻辑分析仪、总线分析仪或协议分析仪可以帮助我们定位接近硬件层面的问题。
　　 ◆ 可以使用自制的装置来研究与硬件相关的问题。
　　 ◆ 使用 Wireshark，结合以太网集线器、管理型交换机或命令行工具，来监控网络数据包。

条目 17：让故障的影响凸显出来

让问题凸显出来能够提升调试效率。可以通过对软件本身、软件的输入或运行环境进行修改来实现这一点。不管是哪种情况，都要确保这些修改是在独立的分支中进行的，而且使用了版本控制系统，以便我们可以轻松地恢复到原来的版本，并防止这些修改错误地出现在生产代码中。

---

① 一个网络接口接收到网络数据包后，会复制到网桥上的其他网络接口中。——译者注

有些情况下，软件就是不按预期的方式运行。例如，尽管某些复杂的条件已经得到满足，但本该出现在数据库中的记录却始终没有出现。对于这种情况，有个比较好的做法，就是对软件进行**大幅度的修改**，然后观察它是否符合预期。如果仍不符合，那么我们可能找错了方向。

来看一个具体的案例，下面这段代码节选自 Apache HTTP Server，它负责处理签名证书时间戳（Signed Certificate Timestamp，SCT）。不知你是否注意到了，如果 SCT 的时间戳是未来的某个时间，服务器无法应对。

```
for (i = 0; i < arr->nelts; i++) {
    cur_sct_file = elts[i];
    rv = ctutil_read_file(p, s, cur_sct_file, MAX_SCTS_SIZE,
                &scts, &scts_size_wide);
    rv = sct_parse(cur_sct_file,
                s, (const unsigned char *)scts, scts_size, NULL,
                &fields);
    if (fields.time > apr_time_now()) {
        sct_release(&fields);
        continue;
    }
    sct_release(&fields);
    rv = ctutil_file_write_uint16(s, tmpfile,
                (apr_uint16_t)scts_size);
    if (rv != APR_SUCCESS)
        break;
    scts_written++;
}
```

对于这类问题，一种调试方式是临时修改判断条件，使其计算结果总是 true。

```
if (fields.time > apr_time_now() || 1) {
```

这样修改之后，就可以确定问题是出在被短路计算的 Boolean 条件中、测试数据中，还是出在对未来的 SCT 的处理逻辑中。

这类问题还有其他处理技巧，比如在方法的开头添加 `return true` 或 `return false` 语句，或将某些代码放在 `if(0)` 块中来禁止其执行（参见条目 46）。

有时，我们正在调试的可能是一个几乎观察不到效果的 bug。解决方案是临时修改代码，**使其效果凸显出来**。比如在游戏中，在某个事件之后，角色的力量属性会略有增加，但因为变化不大，几乎观察不到，这时候可以使其力量属性增加得更为明显，以便可以轻松观察到。再比如在计算机辅助设计（Computer Aided Design，CAD）程序中，要研究有段计算地震对建筑物影响的代码，可以将对外显示的结构位移（structure displacement）放大 1000 倍，这样就可以轻松看到结构位移的模（magnitude）和方向（direction）了。

如果软件故障是由外部因素导致的，可以尝试修改软件的执行环境，使故障更快、更频繁地出现，从而提升调试效率（参见条目 55）。如果软件的任务是处理 Web 请求，可以使用负载测试或压力测试工具，如 Apache JMeter，不断提升负载，直到软件开始表现出异常。如果软件是借助多个线程来实现并发的，可以增加线程数量，使其远远超出计算机中的 CPU 核心数量所代表的合理程度。这样有助于重现死锁和竞争条件。还可以同时运行一些其他消耗内存、CPU、网络或磁盘资源的进程，强制软件与这样的进程竞争稀缺资源。如果要研究软件在磁盘满了的时候的表现，有个特别有效的做法，就是让该软件将数据写到一个容量非常小的 U 盘中。

最后，要研究较为少见的数据验证或数据损坏问题，还有一种方法，就是模糊测试（fuzzing）。在这种方法下，可以向程序提供随机生成的输入，也可以对输入进行随机扰动，然后观察发生的情况。这样做的目标是，对于会导致故障的数据模式，系统性地增加其出现概率。在完成这一步之后，我们可以使用存在问题的数据来调试应用程序。为什么应用程序在运行客户的生产数据时会崩溃，在运行测试数据时却没有问题呢？对于这样的情况，使用 zzuf 这样的工具执行模糊测试操作，或许能够帮助我们找到答案。

> **要点**　◆ 强制软件执行可疑的路径。
> 　　　　　◆ 放大某些效果的程度，使其更加突出，以便进行研究。
> 　　　　　◆ 对软件进行压力测试，迫使其离开舒适区。
> 　　　　　◆ 在临时的版本控制分支下进行所有的修改。

条目 18：支持在自己的桌面上调试复杂系统

Jenny 和 Mike 正在谈论各自的调试经验。Jenny 说：“我讨厌在客户的计算机上工作。我熟悉的工具这里都没有，浏览器中也没有我收藏的诸多书签，计算机的噪声也很大，我还访问不了自己的文件，按键绑定和快捷键也都是错的。”Mike 不敢相信地看着 Jenny 说：“按键绑定？！你算幸运的了，至少还有键盘！”

确实，如果不得不在自己的工作站之外的计算机上调试，可能会严重影响工作效率。除了 Jenny 抱怨的事情之外，可能还有其他令人讨厌的不便，比如受限的互联网或内部网访问，不便的设置（显示器、椅子、鼠标和键盘），较低的计算能力，再比如需要去湿热或干冷的偏远地区出差等。这些问题都很常见，而且随着移动设备和物联网在业界的普及，这些问题会越来越普遍。在很多情况下，比如要调试的是手机应用程序、带有嵌入式软件的设备、仅在客户计算机上出现的问题，甚至是发生在数据中心的紧急状况，我们需要远离舒适的办公桌和强大的工作站。有一些变通方法，可以让我们继续使用自己喜欢的键盘来调试，前提是要有所准备。

对于手机应用程序和某些嵌入式设备来说，可以在自己的计算机上使用设备模拟器来排除故障。然而，除了提供一些增强的日志记录功能之外，这些模拟器对于调试通常不会有太大的帮助。确实，有了计算机，我们不需要再笨手笨脚地通过设备触摸屏上的键盘来进行调试，但我们也无法在模拟器之内运行符号调试器。不过，我们可以在同一个屏幕中方便地访问模拟器和代码编辑器，也可以快速修改代码并查看结果，而不必再将软件部署到实际的设备上。

还有一种更好的方法，就是创建软件垫片（software shim）。这种方法使我们能够在工作站上运行所调试应用程序的关键部分。单元测试和模拟对象（mock object）经常用到这种技术（参见条目 42）。在具体使用时，通常我们会将用户界面排除在外，而对于需要投入大量精力调试的棘手的算法部分，我们可以轻松地将其包含进来。因此，我们可以将应用程序的算法与一些简单的（例如基于文件的）I/O 连接起来，以便在计算机本地进行编译和运行，然后使用强大的调试器单步查看和检查这部分代码。

举个例子，考虑这样一个手机应用程序，其能将联系人在社交网络上的照片导入通讯录。其难点在于，不仅要与社交网络交互，还要与通讯录进行匹配。因此，软件垫片可以是一个命令行工具，以联系人的姓名为参数，并使用 Facebook、LinkedIn、Twitter API 来检索和定位与之匹配的好友。一旦调通了这部分，就可以将其作为一个类集成到应用程序中。同时应该保留将其作为一个独立的命令（或许通过一个 main 方法）编译和运行的能力，这样在将来出现问题的时候，可以单独调试。

要在客户的计算机上定位并解决问题，应该支持**远程访问**。在危机发生之前就要做好准备，因为这通常需要管理员权限和一些专业知识。很多操作系统都支持远程访问桌面，不过支持人员往往更喜欢专用的应用程序，如 TeamViewer。此外，为了简化调试工作，应该考虑在客户的计算机上准备好其他数据和工具，比如安装查看应用程序二进制文件的工具，或跟踪执行情况的工具。如果必须在第三方的计算机上选择一个调试工具，笔者会选择 UNIX 的 strace 或 truss 命令。顺便说一句，作为 IT 从业者，经常会有亲戚朋友找我们排查问题，远程访问工具也可以帮得上忙。

现在很多后端计算都是通过商用的云产品来完成的，这些服务为执行调试和访问控制台提供了漂亮的 Web 界面。如果需要调试的服务器没有托管在既方便又好用的云平台上，而是位于嘈杂且不便访问的数据中心中，我们也需要提前做好准备。如果问题是在服务器建立网络连接之前出现的，通常需要通过这台服务器的显示器和键盘来查看。解决这个问题的方法是使用 KVM over IP 设备。这种设备通过 IP 网络提供了对计算机的键盘、显示器和鼠标（即 keyboard、video 和 mouse，此处简称 KVM）的远程访问能力。在安装、配置和测试完这样的设备之后，对于远程服务器启动过程中的问题，我们就可以非常方便地在自己的桌面上进行调试了。

要点　◆ 设置设备模拟器，以便使用工作站的屏幕和键盘来定位和解决故障。
　　　　◆ 使用软件垫片，利用工作站上的工具来调试嵌入式代码。
　　　　◆ 支持远程访问客户的计算机。
　　　　◆ 设置 KVM over IP 设备来调试远程服务器。

条目 19：将调试任务自动化

有时我们会发现，导致故障的可能原因有很多，但并不容易确定哪一个是罪魁祸首。为了确认清楚，可以编写一个小例程或小脚本，对所有可能导致问题的情况进行穷举搜索。当可能的情况非常多，难以进行手动测试，但可以通过循环进行遍历时，这种方式非常有效。比如，要对 500 个字符进行遍历，这样的情况就是可以自动化的；然而，要对用户输入的所有字符串进行穷举式的搜索，就不适合自动化了。

来看一个例子。在一次升级之后，计算机执行 which 命令的速度变慢了。在将较长的命令搜索路径（Windows 和 UNIX 的 PATH 环境变量）修改为/usr/bin 之后，延迟就消失了，但此处的问题是：在该路径的 26 个元素中，是哪个因素导致的延迟呢？下面的 UNIX shell 脚本（可以通过 Cygwin 在 Windows 系统上运行）可显示每个路径组件所消耗的时间。

```
# Obtain path
echo $PATH |
# Split the :-separated path into separate lines
sed 's/:/\n/g' |
# For each line (path element)
while read path ; do
  # Display elapsed time for searching through it
  PATH=$path:/usr/bin time -f "%e $path" which ls >/dev/null
done
```

这个脚本的部分输出如下：

```
0.01 /usr/local/bin
0.01 /cygdrive/c/ProgramData/Oracle/Java/javapath
```

```
0.01 /cygdrive/c/Python33
4.55 /
0.02 /cygdrive/c/usr/local/bin
0.01 /usr/bin
0.01 /cygdrive/c/usr/bin
0.01 /cygdrive/c/Windows/system32
0.01 /cygdrive/c/Windows
0.01 .
```

可以清楚地看到，问题是由仅包含一个斜杠（/）的元素导致的，我们可能是在无意中将其混到了路径中。追踪 which 命令的执行（参见条目 58），可以发现问题的根本原因：which 命令会在每个路径元素后面附加一个斜杠，所以这个仅包含一个斜杠的路径就变成了双斜杠（//），而当 Windows 遇到以双斜杠开头的路径时，会遍历网络驱动器。

对于所调试的软件，如果很难通过脚本对其进行穷举搜索，可以考虑在该软件中嵌入一个小例程来实现同样的目的。既可以让这个例程通过算法生成所有的情况（例如，通过遍历某些值），又可以让它从外部文件中读取这些情况，这样，我们就可以通过更复杂的脚本或从现有的执行日志中抓取的数据来生成这些情况。

最后，还有一些工具可以对代码进行插桩（instrument），以发现 API 违例、内存缓冲区溢出和竞争条件等问题（参见条目 59 和条目 62）。有些工具比较复杂，原来只需要几秒进行测试运行分析，现在可能需要几十分钟，然而，这些工具可以帮我们省下大量的调试时间，所以等待是值得的。我们的时间可比计算机的时间宝贵。

　　要点　◆　如果需要对导致故障的情况进行穷举搜索，应该考虑将其自动化。

条目 20：在调试前后做好清理工作

如果所调试的软件中有 10 个可能的错误，其表现形式就存在上千种（2^{10}）可能的组合。如果有 20 个，就会存在上百万种（2^{20}）组合。因此，在调试时应该考虑先把容易解决的问题处理掉。所谓容易解决的问题，包括下面这些内容。

- 工具可以为我们找到的问题（参见条目 51）。
- 程序在运行时产生的警告，比如可恢复的断言失败。
- 与问题相关的、可读性较差的代码（参见条目 48）。
- 使用特殊的注释标记出来的可疑代码，比如注释中包含 XXX、FIXME、TODO 等字样，或包含逃避性词语（如 should、think、must）。
- 其他已知的被忽略的小 bug。

如果没有一个相对无故障的环境就去调试，结果可能惨不忍睹。

对于通过清理代码来修复上面列出的这些问题的做法，有些人持反对意见。首先，他们的观点是，俗话说："如果它没坏，不要去修理它。"其次，如果仅升级了系统的一部分代码，以使用更现代化的设施，就会出现风格不一致的问题。这个时候就考验个人的判断力了。如果清理代码确实有助于调试某个难以捉摸的问题，那就可以冒这个险。但如果代码比较脆弱，而且 bug 可以通过检查日志文件之类的方式定位到，那就没必要冒这个险。

在找到并修复错误之后，还有两项任务需要完成。首先，搜索代码，看看有没有类似的错误，如果有就一并修复（参见条目 21）。其次，处理为了定位问题所做的代码修改（参见条目 40）。对于为了让错误凸显出来而临时添加的修改，都要恢复原样。如果是在一个单独的本地修订控制分支上进行处理的，应该很容易恢复（参见条目 26）。有些修改，以后可能还用得着，可以在清理之后提交到主分支中，比如断言、日志记录语句和新的调试命令等。

要点 ◆ 在进行重要的调试任务之前，确保代码的基本清洁度。

◆ 调试完成后，清理临时的代码修改，并提交有用的修改。

条目 21：修复所有犯同样错误的代码

在一个地方出现的错误，很可能也会出现在其他地方，这可能是因为某个开发人员犯了同样的错误，也可能是因为某个特定的 API 就是容易被误用，还有可能是因为错误代码被复制到了其他地方。在很多成熟的开发文化，以及安全至关重要的工作中，并不是说修复了一个缺陷，调试过程就结束了。我们的目标应该是修复这一类缺陷，并确保以后不会再出现类似的问题。

如果我们解决了以下语句中的一个除零错误问题：

```
double a = getWeight(subNode) / totalWeight;
```

那么我们应该在所有代码中搜索其他以 totalWeight 为除数的语句。利用 IDE，或利用 UNIX 的 grep 命令（参见条目 22），很容易做到这一点。

```
# Find divisions by totalWeight, ignoring spaces after
# the / operator
grep -r '/ *totalWeight' .
```

完成上述操作之后，还要考虑一下，代码中是否存在其他类似问题的除法运算。找到它们，并修复可能会出现故障的代码。可以再次利用简单的 UNIX 管道来帮助我们搜索。笔者曾经利用下面的脚本，快速检查了 400 万行 C 语言程序代码中可疑的除法运算。

```
# Find divisions, assuming spaces around the / operator
grep -r ' / ' . |
# Eliminate those involving sizeof
grep -v '/ sizeof' |
# Color divisors for easy inspection and
# eliminate divisions involving numerical or symbolic constants
grep --color=always ' / [^0-9A-Z][^;)]*' |
# Remove duplicates
sort -u
```

效果非常惊人，这些过滤器逐步将可疑的代码行数从 5731 行减少到 5045 行，然后减少到 2032 行，最后减少到 1923 行；而这个数据量是可以在合理的时间内检查完毕的。虽然这些过滤器并不是百分之百的可靠（sizeof 可能返回零，符号常量的计算结果也有可能为零），但与以查看代码中所有除法运算的工作量太大为借口回避这项任务相比，检查过滤后的代码还是要好得多的。

最后，应该考虑可以采取什么措施来避免将来再出现类似的错误。这些措施可能涉及修改代码或软件开发流程。举个例子，如果错误是误用了某个 API 函数，可以考虑将原来的函数隐藏起来，提供一个更为安全的替代版本。例如，可以将以下内容添加到项目的全局 include 文件中。

```
#define gets(x) USE_FGETS_RATHER_THAN_GETS(x)
```

在这个宏定义之下，使用 gets 函数（它以容易受到缓冲区溢出攻击而出名）的程序将无法编译或链接。如果错误是由处理了一个类型不正确的值导致的，那么可以引入更严格的类型检查。我们还可以通过在构建过程中添加静态分析或增强其配置发现很多错误（参见条目 51）。

> **要点** ◆ 在修复了一个错误之后，应该找到并修复类似的错误，且应采取措施确保它们以后不会再出现。

第 3 章　通用工具与技术

　　尽管专用调试工具可能非常友好且高效，但通用工具通常更具优势，因为用户能够快速解决不同语言和平台上的各种开发与运行问题。本章所描述的工具，其起源可以追溯到 UNIX，但如今在包括 GNU/Linux、Windows 和 OS X 在内的大多数系统上均可使用。这些工具既灵活高效，又应用广泛，值得投入时间和精力去掌握。这方面的学习资源中，有个非常简洁的指南——由 Joshua Levy 等人编辑的 *The Art of Command Line*。本章假设读者已经掌握 UNIX 命令行的基本用法，并对正则表达式有所了解，因此将专注于介绍调试时会用到的具体工具和方法。

条目 22: 使用 UNIX 命令行工具分析调试数据

　　在调试过程中，可能会遇到之前从未遇到过的问题。因此，尽管编写软件时使用的 IDE 功能强大，但要深入探索这类问题，IDE 未必能提供足够强大的工具。这时，UNIX 命令行工具便显得尤为重要。作为通用工具，它们能够组合成复杂的管道，帮我们轻松分析文本数据。

　　我们处理的大量数据都有一个最基本且非常有用的共同点：基于文本行的数据流。这种数据流可以用来表示调试过程中遇到的多种数据类型，如程序源代码、程序日志、版本控制历史、文件列表、符号表、归档内容、错误消息、测试结果和性能剖析数据。对于许多日常任务，我们可能倾向于使用功能强大的脚本语言来处理数据，例如 Perl、Python、Ruby 或 Windows PowerShell 等。如果脚本语言提供了实用的接口来获取需要处理的调试数据，并且我们习惯于以交互方式编写脚本命令，这种方法就非常合适。否则，我们可能需要编写一个单独的小程序并保存为文件。但如果真的出现这种情况，我们可能会觉得过于烦琐，索性选择手动完成。这可能会让我们错失洞察关键调试信息的机会。

　　通常，更有效的方法是将 UNIX 工具集中的程序组合成一个简洁而高效的管道，并在

shell 的命令提示符下运行。借助现代 shell 的命令行编辑工具，我们可以逐步构建自己的命令，直至完全符合需求。

本条目将概述如何利用 UNIX 命令处理调试数据。如果读者还不熟悉命令行的基本用法和正则表达式，建议查阅在线教程。此外，以相应命令的名字作为参数，调用 man 命令，可以查看每个命令的详细调用选项。

根据操作系统的不同，进入 UNIX 命令行的难易程度也有差别。在 UNIX 和 OS X 上，只需打开一个终端窗口。在 Windows 上，推荐安装 Cygwin：这是被移植到 Windows 上可运行的大型 UNIX 工具集，同时也是一个强大的包管理器，可以无缝运行。本条目描述的一些工具在 OS X 上可能没有默认安装，Homebrew 包管理器可以简化这些工具的安装过程。

基于 UNIX 工具构建的许多用于调试的单行命令，应该大致遵循获取、筛选、处理和汇总的模式。我们还需要以某种方式将这些部分整合成一个整体。最有用的操作符是管道（ | ），它将一个处理步骤的输出直接作为下一个处理步骤的输入。

我们的数据大部分情况下都是文本数据，可以直接作为某个工具的标准输入。如果不是文本数据，则需要对数据进行调整。如果处理的是目标文件（object file），则必须使用 nm（Unix）、dumpbin（Windows）或 javap（Java）之类的命令来深入分析。例如，如果 C 语言程序或 C++ 程序意外退出，可以在其目标文件上运行 nm 命令，查看何处调用（或导入）了 exit 函数。示例代码如下。

```
# List symbols in all object files prefixed by file name
nm -A *.o |
# List lines ending in U exit
grep 'U exit$'
```

如下面这个例子所示，其输出的结果很可能比在源代码中搜索更为准确。

```
cscout.o:    U exit
error.o:     U exit
idquery.o:   U exit
md5.o:       U exit
pdtoken.o:   U exit
```

如果处理的是打包在一个归档文件中的多个文件，那么像 tar、jar 或 ar 等命令可以列出这个归档文件的内容。如果数据来自一个可能非常大的文件集合，find 命令可以帮我们定位感兴趣的文件。另一方面，如果需要通过网络获取数据，可以使用 curl 或 wget 命令。还可以使用 dd（以及特殊文件/dev/zero）、yes 或 jot 等命令生成数据，例如用于快速进行基准测试。最后，如果想处理编译器的错误消息列表，需要将其标准错误重定向到标准输出或文件，用 2>&1 和 2>filename 这样的语句可以实现此功能。例如，考虑这样一种情况：我们改变了一个函数的接口，并希望编辑所有受影响的文件。获取这些文件列表的一种方法是使用下面的管道。

```
# Attempt to build all affected files redirecting standard error
# to standard output
make -k 2>&1 |
# Print name of file where the error occurred
awk -F: '/no matching function for call to Myclass::myFunc/
    { print $1}' |
# List each file only once
sort -u
```

考虑到日志文件和其他调试数据源的一般性，在大多数情况下，拥有的数据会比实际需要的多。我们可能只希望处理每一行的某些部分，或者只想处理一部分行的数据。如果文本行由定长字段组成，或由通过空格或其他字段分隔符分隔的元素组成，那么当要从中选择某个特定的列时，可以使用 cut 命令。如果文本行不能规范地分隔为若干个字段，通常可以编写一个正则表达式，使用 sed 替换命令来提取所需元素。

要从所有行中获取一部分，主要使用的工具是 grep 命令。可以指定一个正则表达式，只获取与之匹配的行，并使用-v 选项过滤掉不想处理的行。在条目 21 中可以看到这种用法，该操作序列被用于查找所有除数部分不以 sizeof 开头的除法运算。

```
grep -r ' / ' . |
grep -v '/ sizeof'
```

如果要查找的元素是普通字符序列而非正则表达式，并且这些序列存储在文件中（或是在之前的处理步骤中生成的），可以使用带有-f 选项的 fgrep 命令（适用于固定字符串的 grep 命令）来处理。对于更复杂的选择条件，通常可以使用 awk 命令的模式表达式来表达。我们经常会发现，要获得所需结果，通常需要组合使用多种方法。例如，可以先使用 grep 命令获取感兴趣的行，再使用 grep -v 过滤掉样本中的一些噪声，最后使用 awk 命令从每一行中选择某个特定的字段。例如，下面的命令序列，可以处理系统跟踪输出信息（trace.out），列出所有成功打开的文件的名称。

```
# Output lines that call open
grep '^open(' trace.out |
# Remove failed open calls (those that return -1)
grep -v '= -1' |
# Print the second field separated by quotes
awk -F\" '{print $2}'
```

（尽管这个命令序列也可以写成单行 awk 命令，但按展示的方式分步编写更为简单。）

我们会发现，在数据处理过程中，经常需要根据特定字段对文本行进行排序。sort 命令支持数十个选项，允许指定排序所用的键、键的类型和输出顺序。一旦结果排序好了，就可以非常高效地计算每个元素的出现次数，uniq 命令结合-c 选项可以完成这个任务；通常会在排序结果之后再使用一个 sort 命令，并使用 -n 选项基于数值顺序进行排序，从而找出哪些元素出现得最为频繁。在某些情况下，可能需要比较多次运行的结果。如果两次运行应产生相同结果（例如回归测试的输出），可以使用 diff 命令进行比较；对于两个已排序的列表，可以使用 comm 命令进行处理。对于更复杂的任务，同样可以使用 awk 命令。例如，需要研究资源泄漏问题。第一步可能是找到所有直接调用了 obtainResource 而没有调用 releaseResource 的文件。我们可以通过以下命令序列找到这些文件。

```
# List records occurring only in the first set
comm -23 <(
# List names of files containing obtainResource
grep -rl obtainResource . | sort) <(
# List names of files containing releaseResource
grep -rl releaseResource . | sort)
```

<(...)序列是 bash shell 的一个扩展，它会将括号内的进程的输出当作一个类似文件的参数，作为输入提供给其他命令。[①]

在许多情况下，处理后的数据会因过于庞大而难以直接使用。例如，有时我们可能并不关心哪些日志行指示失败，而只关心这样的日志行的数量。其实，许多问题只需要使用简单的 wc（word count，单词计数）命令结合其-l 选项对处理步骤的输出进行统计，就能解决。如果想知道结果列表中的前 10 个或后 10 个元素，可以将列表传递给 head 或 tail 命令。因此，要找到对某个特定文件最熟悉的人（或许是要寻找代码评审人员），可以运行以下命令序列。

```
# List each line's last modification
git blame --line-porcelain Foo.java |
# Obtain the author
grep '^author ' |
# Sort to bring the same names together
sort |
# Count by number of each name's occurrences
uniq -c |
# Sort by number of occurrences
sort -rn |
```

① 这种机制叫作进程替换（Process Substitution）。如果某个命令只能接收文件形式的输入，则可以借助这种机制来衔接。——译者注

```
# List the top ones
head
```

tail 命令在检查日志文件时特别有用（参见条目 23 和条目 56）。此外，要详细检查大量的结果，可以通过管道将其传递给 more 或 less 命令处理；这两个命令都支持上下滚动和搜索特定字符串。如前所述，当上述方法均未能奏效时，可以使用 awk 命令；有个典型的任务为，使用类似 sum += $3 这样的命令对某个特定的字段进行求和。例如，下列命令序列处理 Web 服务器日志，显示总请求数和平均每个请求传输的字节数。

```
awk '
# When the HTTP result code is success (200)
# sum field 10 (number of bytes transferred)
$9 == 200 {sum += $10; count++}
# When input finishes, print count and average
END {print count, sum / count}' /var/log/access.log
```

UNIX 提供了出色的构建块，但如果不能将其有效组合起来，就无法充分利用其强大优势。对此我们可以利用 Bourne shell 提供的功能。在某些情况下，可能需要使用很多不同的参数来执行同一个命令。为此，我们可以将参数作为输入传递给 xargs 命令。一个常见模式是使用 find 命令获取文件列表，然后使用 xargs 命令处理这些文件。这种模式非常普遍，为了处理名字中含有空格的文件（例如 Windows 的 "Program Files" 文件夹），两个命令都提供了一个参数（-print0 和 -0）来指示数据以空字符而不是空格终止。考虑这样一项任务，要找到一个这样的日志文件，它是在 foo.cpp 被修改之后创建的，且其中字符串 access failure 出现的次数最多。实现该任务的命令管道如下。

```
# Find all files in the /var/log/acme folder
# that were modified after changing foo.cpp
find /var/log/acme -type f -cnewer ~/src/acme/foo.cpp -print0 |
# Apply fgrep to count number of 'access failure' occurrences
xargs -0 fgrep -c 'access failure' |
# Sort the :-separated results in reverse numerical order
# according to the value of the second field
sort -t: -rn -k2 |
# Print the top result
head -1
```

如果处理过程更为复杂，总是可以通过管道将参数传递到一个 while read 循环中（Bourne shell 非常强大，其所有的控制结构，既支持通过管道将数据输入，也支持通过管道将数据输出）。例如，如果怀疑某个问题与系统动态链接库（dynamically linked library, DLL）的更新有关，通过下面的命令序列，我们可以获得一个包含 Windows/system32 目录下所有 DLL 文件版本的列表。

```
# Find all DLL files
find /cygdrive/c/Windows/system32 -type f -name \*.dll |
# For each file
while read f ; do
  # Obtain its Windows path with escaped \
  wname=$(cygpath -w $f | sed 's/\\/\\\\/g')
  # Run WMIC query to get its name and version
  wmic datafile where "Name=\"$wname\"" get name, version
done |
# Remove headers and blank lines
grep windows
```

如果上述方法均未能奏效，可以再尝试借助一些中间文件来处理数据。

要点　◆　借助能够获取、选择、处理和汇总文本记录的 UNIX 命令来分析调试数据。
　　　◆　通过管道将 UNIX 命令组合起来，可以快速完成复杂的分析任务。

条目 23：命令行工具的各种选项和习惯用法

假设正在调试的程序生成了一条令人费解的错误消息：Missing foo。那么，生成这条消息的代码在哪里呢？可以在应用程序的源代码目录下运行以下命令：

```
fgrep -lr 'Missing foo' .
```

该命令会递归地（通过-r 选项）搜索所有文件，并列出（通过-l 选项）包含该错误消息的文件。使用 grep 命令进行文本搜索的优势在于，无论产生错误消息的代码是使用哪种编程语言编写的，它都可以工作。如果应用程序是用多种语言实现的，或者我们没有时间在IDE 中为代码建立一个项目，这种方法尤其有用。注意，fgrep 命令的-r 选项是一项 GNU扩展。如果你的系统没有这个功能，以下命令管道可以实现相同的效果。

```
find . -type f |
xargs fgrep -l 'Missing foo'
```

待检查的数据中通常包含大量噪声，也就是我们不希望看到的内容。尽管可以通过 grep止则表达式来筛选所需记录，但在许多情况下，使用 grep 命令的-v 选项简单排除无关的记录更为便捷。尤为强大的是，我们可以组合使用多个这样的命令。例如，要获取包含字符串 Missing foo 但不包含 connection failure 或 test 的所有日志记录，可以使用下列命令管道。

```
fgrep 'Missing foo' *.log |
fgrep -v 'connection failure' |
fgrep -v test
```

grep 命令输出的是与指定正则表达式匹配的行。然而，如果这些行非常长，可能难以快速识别问题所在。例如，有一个格式不太规范的 HTML 文件存在显示问题，我们怀疑它与某个 table 标签有关。那么如何才能快速检查所有 table 标签呢？可以向 grep 命令传递--color 选项，如 grep --color table file.html，它在显示时会将所有的 table 标签标为红色，这样检查起来就简单多了。

按照惯例，在命令行上运行的程序不会将错误消息发送到标准输出（standard output）。这种模式的缺点是，处理其输出的其他程序可能会混淆，而且如果输出被重定向到某个文件中，直接在命令行上操作程序时可能看不到相关错误消息。错误消息会被发送到标准错误（standard error）通道。标准错误通常会显示在调用命令的终端上，即使其输出被重定向了。然而，在调试程序时，我们可能希望处理输出，而非仅在屏幕上看着它们一闪而过。这里有两个重定向运算符可以使用。首先，标准错误的文件描述符通常是 2，在运行程序时通过指定 2>filename，可以将标准错误发送到文件中，以便以后进行处理。其次，我们可以将标准错误重定向至与标准输出（其文件描述符为 1）相同的文件描述符，这样就可以利用同一个管道来处理二者了。例如，下面的命令会将两种输出都发送给 more 命令，这样用户可以按自己的节奏浏览输出。

```
program 2>&1 | more
```

在调试非交互式程序（如 Web 服务器）时，所有关键操作通常都会被记录在日志文件中（参见条目 56）。相比频繁检查日志文件的变动，更好的做法是结合-f 选项使用 tail 命令，随着文件内容增长对其进行检查。tail 命令会让日志文件处于打开状态，并注册一个事件处理程序，以便在文件内容增长时收到通知。这样可以高效地显示日志文件的变化情况。如果写入文件的进程在某个时刻删除或重命名日志文件，并创建一个同名的新文件（例如，日志轮替的情况），那么可以将--follow=name 传递给 tail 命令，让它跟踪指定名称的文件，而不是跟踪原始文件关联的文件描述符。一旦对日志文件使用 tail 命令，最好将其保留在一个单独的窗口中（可以缩小），这样当我们与所调试的应用程序进行交互时，就可以轻松地监控日志文件了。如果日志文件包含许多无关行，可以通过管道将 tail 命令的输出传递给 grep 命令，以筛选出感兴趣的信息。

```
sudo tail /var/log/maillog | fgrep 'max connection rate'
```

如果要查找的故障发生频率较低，应建立一套监控基础设施，以便在程序出现问题时通知我们（参见条目 27）。对于仅需监控一次的情况，可以让程序在后台运行（即便我们退出登录了，它仍然可以运行），只需要在调用该程序时在后面加上一个 & 符号，并使用 nohup 工具来运行它。然后，可以在名为 nohup.out 的文件中查看程序的输出和错误消息。或者，可以将程序输出通过管道传递给 mail 命令，以便在程序运行结束时收到相关信息。如果此次运行预计会在我们下班前终止，我们可以在该命令之后设置一个声音警报。

```
long-running-regression-test ; printf '\a'
```

我们甚至可以把这两种方式结合起来，当检测到某个特定的日志行时，发出声音警报或邮件通知。

```
sudo tail -f /var/log/secure |
fgrep -q 'Invalid user' ; printf '\a'

sudo tail -f /var/log/secure |
fgrep -m 1 'Invalid user' |
mail -s Intrusion jdh@example.com
```

修改前面的命令，增加一个 while read 循环，可以让警报进程一直运行下去。然而，采用这样的机制，实际上已经踏入了基础设施监控系统的范畴，这方面有专门的工具可以使用（参见条目 27）。

要点 ◆ grep 命令的各种选项可以帮助我们缩小搜索范围。

◆ 为了进行分析，可以对程序的标准错误进行重定向。

◆ 使用 tail -f 来监控正持续追加内容的日志文件。

条目 24：用编辑器研究调试数据

在定位错误的源头时，调试器或许会得到所有的赞誉，但代码编辑器（或 IDE）同样有用武之地。我们应选择使用像 Emacs 或 vim 这样的专业编辑器，也可使用功能强大的 IDE。无论选择哪种工具，都应避免依赖系统内置的基础编辑器，比如 Windows 上的记事本（Notepad）、OS X 上的 TextEdit 或各种 UNIX 发行版上的 Nano 和 Pico。这些编辑器只提供了基础的功能。

编辑器的搜索命令可以帮助我们导航至可能与问题相关的代码。IDE 有一个功能，可以找到所有使用了给定标识符的代码，与之相比，编辑器的搜索功能应用范围更广，因为它不仅更灵活，还能搜索注释中的文本。为了更灵活地进行搜索，一种方式是使用单词的词干。假设我们需要寻找与排序问题相关的代码。不要搜索 ordering，而要搜索 order，这样出现 order、orders 和 ordering 的代码都能搜索出来。我们还可以定义正则表达式，以匹配所有感兴趣的可能字符串。例如，如果问题涉及 x1、x2、y1 或 y2 等坐标字段，搜索正则表达式 [xy][12] 可以帮助我们定位包含这些字段的所有代码。

在其他一些情况下，编辑器还可以帮助我们定位与预期不符的代码。考虑以下 JavaScript 代码，它未能显示预期的故障消息。

```
var failureMessage = "Failure!", failureOccurrances = 5;
// 省略更多代码
if (failureOccurences > 0)
    alert(failureMessage);
```

在漫长而紧张的一天结束后，我们可能没有注意到这个小而明显的错误。然而，在代码中搜索 failureOccurences，只能找到两个变量中的一个（另一个拼写为 failureOccurrances）。如果要查找的标识符有其来源，比如从定义的地方或从所显示的错误消息中复制、粘贴而来，或者是手动输入的，那么通过搜索标识符来定位拼写错误是非常有效的。一个有用的技巧是使用编辑器命令搜索同一个词出现的其他位置。在 vim 编辑器中，按*键可以向前搜索与光标处显示的标识符相同的标识符，按#键则可向后搜索。在 Emacs 编辑器中，相应的组合键是 Ctrl-s、Ctrl-w。

在进行差异调试（参见条目 5）时，编辑器非常有用。如果存在两个理论上应该一致但实际上有所区别的复杂语句，可以将其中一个复制并粘贴到另一个的下一行，任何差异将很快变得明显。我们可以逐字比较，而不必在屏幕的不同部分间转移视线和注意力。当需要比较较大的代码块时，可以将编辑器窗口分割为左右两部分，并在两侧分别放置待比较的代码，这样任何重要差异都较容易发现。理想情况下，我们会使用像 diff 这样的工具来寻找差异，但如果所要比较的两个文件在非关键元素（如 IP 地址、时间戳或传递给例程的参数）上存在差异，diff 使用起来可能不太方便。在这种情况下，编辑器同样可以帮助我们，对于内容不同的非关键文本，我们可以用同样的占位符替换掉。例如，下面的 vim 正则表达式替换命令可以将日志文件中出现的所有 Chrome 版本标识符（如 Chrome/45.0.2454.101）替换为一个仅包含主版本号的字符串（例如 Chrome/45）。

```
:%s/\(Chrome\/[^.]*\)[^ ]*/\1
```

如果需要利用一个包含大量数据的日志文件来定位错误，编辑器也能提供极大帮助。首先，可以利用编辑器轻松删除非关键行。例如，要从日志文件中删除所有包含字符串 poll

的行，在 vim 编辑器中可以输入 :g/poll/d，在 Emacs 编辑器中则可以调用（M-x）delete-matching-lines。可以多次执行这样的命令（如果删多了，可以撤销操作），直到日志文件中仅保留我们真正感兴趣的记录。如果日志文件的内容仍然过于复杂，难以记住，应考虑在文件中自己能够理解的地方添加注释，例如，可以添加 start of transaction（事务开始）、transaction failed（事务失败）、retry（重试）等信息。如果我们正在查看的是一个具有逻辑块结构的大文件，还可以利用编辑器的大纲功能（outlining）快速折叠和展开不同部分，并在其间导航。此外，我们可以将编辑器窗口分割成多个部分，以便同时查看相关部分。

要点 ◆ 使用编辑器的搜索命令来定位拼写错误的标识符。

◆ 编辑文本文件，使差异凸显出来。

◆ 编辑日志文件，以提高其可读性。

条目 25：优化你的工作环境

调试是一项要求很高的活动。如果开发环境无法充分满足需求，我们很轻易陷入各种困境。本书在多处介绍了如何高效使用各类工具的技巧，包括调试器（第 4 章）、编辑器（条目 24）和命令行工具（条目 22）。本条目将介绍一些额外的考虑因素，以提高工作效率。

首先是所使用的硬件和软件。无论是使用本地计算机还是使用云服务，都应确保具备足够的 CPU 处理能力、内存和辅助存储空间。一些静态分析工具需要强大的 CPU 和大容量内存，有些任务可能需要在磁盘上存储项目的多个副本，或要存储数 GB 的日志或遥测数据。还有一些情况下，如果能在云端轻松启动更多主机实例，也可能对我们的工作大有裨益。我们不应为争夺这些资源而耗费过多精力：与这些资源的成本相比，我们的时间无疑更为宝贵。软件也是如此。软件方面的限制可能源于为节省开支所做出的错误决策，也可能源于对下载、安装和使用软件的过度限制。同样，如果存在可以帮助我们调试问题的软件，而公司不允许使用，那就说不过去了。调试本身已相当困难，因此不应在工具和设施上再增加限制。

拥有这些资源后，我们需要充分利用它们。良好的个性化设置能极大提升调试效率，这包括按键绑定、别名、辅助脚本、快捷键和工具配置。以下是一些可以设置的内容以及相应的 Bash 命令示例。

● 确保 PATH 环境变量包含所有需要运行的程序的目录。在调试过程中，系统管理命令可能会经常用到，因此请确保它们包含在路径中。

```
export PATH="/sbin:/usr/sbin:$PATH"
```

- 配置 shell 和编辑器，使其能够自动补全可以推导出的元素。以下 Git 示例可以减少在不同分支间切换时的键盘敲击次数。

```
# Obtain a copy of the Git completion script
if ! [ -f ~/.bash_completion.d/git-completion.bash ] ; then
  mkdir -p ~/.bash_completion.d
  curl https://raw.githubusercontent.com/git/git/master/\
contrib/completion/git-completion.bash \
 >~/.bash_completion.d/git-completion.bash
fi
# Enable completion of Git commands
source ~/.bash_completion.d/git-completion.bash
```

- 设置 shell 提示符和终端栏，以显示身份、当前目录和主机信息。在调试时经常需要使用不同的主机和身份，因此清晰的状态标识可以帮助你保持头脑清醒。

```
# Primary prompt
PS1="[\u@\h \W]\\$ "
# Terminal bar
PROMPT_COMMAND='printf "\033]0;%s@%s:%s\007" "${USER}"\
"${HOSTNAME%%.*}" "${PWD/#$HOME/~}"'
```

- 配置命令行编辑按键绑定，使其与你最喜欢的编辑器相匹配。这样，在以增量方式构建数据分析管道时，可以提高工作效率（参见条目 22）。

```
set -o emacs
# Or
set -o vi
```

- 为常用命令和常见拼写错误创建别名或快捷方式。

```
alias h='history 15'
alias j=jobs
alias mroe=more
```

- 设置环境变量，以便各种实用工具（如版本控制系统）使用你所选择的分页设置和编辑器。

```
export PAGER=less
export VISUAL=vim
export EDITOR=ex
```

- 将所有命令都记录到历史文件中，以便数月后仍可搜索到有价值的调试命令。请注意，对于不希望记录下来的命令调用（例如包含密码的命令），可以在命令名的前面加上一个空格。

```
# Increase history file size
export HISTFILESIZE=1000000000
export HISTSIZE=1000000
export HISTTIMEFORMAT="%F %T "
# Ignore duplicate lines and lines that start with space
export HISTCONTROL=ignoreboth
# Save multi line commands as single line with semicolons
shopt -s cmdhist
# Append to the history file
shopt -s histappend
```

- 让 shell 的路径名扩展（通配符，如*）将子目录中的文件包含进来。

```
shopt -s globstar
```

借助**通配符（用于扩展到一个目录树下的所有指定文件），可以简化对深层目录层次结构进行处理的命令。例如，以下命令将通过检查 Java 源代码文件的 JavaDoc 标签来计算作者为 James Gosling 的文件数量。

```
$ grep '@author.*James Gosling' **/*.java | wc -l
33
```

接下来是对各个程序进行配置。花时间学习并配置调试器、编辑器、IDE、版本控制系统以及所使用的简单分页程序，使其符合自己的偏好和工作风格。IDE 和高级编辑器支持许多有用的插件。选择你认为有用的插件，并设置一种简单的方法，以便能够方便地将它们安装到工作所需的每台机器上。从长远来看，多次配置工具的成本是值得的。

调试工作经常要涉及多台主机。在这种情况下，有 3 种节省时间的重要方法。

第一，确保无须输入密码即可登录到所使用的（或需要在其上执行命令的）每台远程主机。在 UNIX 系统上，可以通过设置一对公私密钥（通常需要运行 ssh-keygen 命令），并将公钥存储在远程主机上的 .ssh/authorized_hosts 文件中，轻松实现这一点。

第二，设置主机别名，以便使用简短的描述性名称来访问主机，而无须使用完整的主机名（有时可能还需要加上不同的用户名前缀）。这些别名可以存储在 .ssh/config 文件中。以下示例将 ssh 主机登录信息从 testuser@garfield.dev.asia.example.com 简化为 garfield。

```
Host garfield
HostName garfield.dev.asia.example.com
User testuser
```

第三，了解如何在远程主机上调用 GUI 应用程序，并将其显示在自己的桌面上。尽管这种操作设置起来可能比较麻烦，但现在大多数操作系统都能做到。在远程主机上运行 GUI 调试器或 IDE，可以显著提高工作效率。

调试任务通常会跨命令行和 GUI。因此，了解如何在自己的环境中将两者连接起来可以节省大量时间。你会发现一个非常有用的功能：从命令行启动 GUI 程序，比如以我们开发的测试文件为参数启动被调试程序。在 Windows 上使用的是 start 命令，在 OS X 上使用 open 命令，在 Gnome 上使用 gnome-open 命令，在 KDE 上使用 kde-open 命令。如果能够在命令行和 GUI 剪贴板之间复制文本（例如，复制一个很长的内存转储文件路径），那也是非常有用的。在 Windows 上，可以使用 Outwit 套件中的 winclip 命令，或者如果安装了 Cygwin，可以通过/dev/clipboard 文件进行读取或写入。在 Gnome 和 KDE 上，可以使用 xsel 命令。如果是在多个 GUI 环境中工作，可以考虑创建一个命令别名，使其在所有环境中都能以相同方式运行。以下是一个命名为"s"的示例命令，它可以启动一个 GUI 文件或应用程序。

```
case $(uname) in
FreeBSD) # KDE
  alias s=kde-open
  ;;
Linux) # Gnome
  alias s=gnome-open
  ;;
Darwin)
  alias s=open
  ;;
CYGWIN*)
  alias s=cygstart
  ;;
esac
```

此外，配置自己的 GUI，使其可以通过文件的上下文菜单启动编辑器，以及通过目录的上下文菜单打开一个位于给定的当前目录之下的 shell 窗口。如果你还不知道可以将文件名从 GUI 文件浏览器拖拽到 shell 窗口中，不妨试试，效果会非常好。

在投入精力创建所有这些巧妙的配置文件之后，需要再花些时间确保它们在所有用于调试软件的主机上都能使用。一个不错的方法是将这些文件置于版本控制之下。这样就可以将在任何主机上的改进或兼容性修复内容推送到中央仓库，然后从其他主机上拉取。在新的主机上设置工作环境时，只需将库中的文件迁出到新的 home 目录下。如果使用 Git 管理配置文件，请在.gitignore 文件中指定要管理的 home 目录中的文件，如下所示。

```
# Ignore everything
*
# But not these files...
!.bashrc
!.editrc
!.gdbinit
!.gitconfig
!.gitignore
!.inputrc
```

请注意，本条目中的建议主要基于笔者多年来积累的有用经验。你的具体需求和开发环境可能与笔者的大不相同，故应定期审查自己的开发环境，找出不便之处并加以解决。如果发现需要反复输入长串命令或多次单击鼠标，而这些操作本可以通过自动化实现，那么请花点时间将这些任务打包成脚本。如果发现所用的工具在帮倒忙，那么就要确定如何配置这些工具以满足需求，或者寻找更合适的工具。最后，四处看看并询问他人的技巧和工具。对于困扰你的问题，别人可能已经发现了解决方案。

要点　◆　通过适当配置自己正在使用的工具来提高工作效率。
　　　◆　通过版本控制系统在调试所用的多台主机之间共享自己的环境配置。

条目 26：使用版本控制系统追踪 bug 的原因和历史

我们遇到的许多 bug 通常与软件的改动有关。增加新特性和修复旧 bug 不可避免地会引入新 bug。通过使用版本控制系统，如 Git、Mercurial、Subversion 或 CVS，我们可以深入挖掘历史记录，获取与所面对的问题相关的有价值信息。要充分利用这一点，我们必须通过版本控制系统精心管理软件的修订信息（参见条目 10）。所谓精心管理，是指每个改动都应单独提交，并附上有意义的提交信息，如果有可能，还应链接到相关的问题（参见条目 1）。

以下是版本控制系统在调试过程中最有用的几种使用方式。示例使用的是 Git 的命令行操作，因为它们适用于各种环境。如果你更喜欢使用 GUI 工具执行这些任务，那请自行尝试。如果你使用的是其他版本控制系统，请查阅其文档以了解如何执行这些操作，或考虑切换到 Git 以利用其强大功能。请注意，不同版本控制系统的功能并不完全相同。特别是，许多版本控制系统对本地分支和合并的支持效果不佳，非常低效，而这些功能在通过替代实现进行调试时又是必不可少的。

当软件中出现新的 bug 时，首先要查看对其进行了哪些改动。

git log

如果知道问题与某个特定的文件有关，可以在命令中指定该文件，这样就只会看到与该文件相关的改动了。

git log path/to/myfile.js

如果怀疑问题与特定的代码行有关，可以获取一个每行都标注了最近改动相关的详细信息的代码列表。

git blame path/to/myfile.js

（可以使用-C 和-M 选项来跟踪在一个文件之内和多个文件间移动过的代码行。） 如果与问题相关的代码已被删除，可以通过查找已删除的字符串来搜索历史代码。

git rev-list --all | **xargs git grep** extinctMethodName

如果知道问题出现在某个特定版本之后（比如 V1.2.3），可以查看在该版本之后进行的改动。

git log V1.2.3..

如果不知道版本号，但知道问题出现的日期，则可以获取在该日期之前最后一次提交所对应的 SHA 哈希值。

git rev-list -n 1 --before=2015-08-01 master

然后就可以用 SHA 哈希值代替版本字符串了。

如果知道问题是在修复特定问题时出现的（比如 issue 1234），可以搜索与该问题相关的提交。

git log --all --**grep**='Issue #1234'

（这里假设用于解决 issue 1234 的提交会在其提交描述信息中包含字符串"Issue #1234"。）

在上述任何情况下，一旦获得要查看的提交所对应的 SHA 哈希值（比如 1cb6e3f6），就可以查看与之相关的改动了。

git show 1cb6e3f6

我们可能还需要查看两个发布版本之间的代码改动情况。

git diff V1.2.3..V1.3.2

往往简单查看一下改动情况就能找到问题的原因。或者，如果从提交描述信息中看到与可疑改动相关的开发人员的名字，可以与他们讨论，了解他们编写代码时的意图。

　　还可以将版本控制系统当成时光机来使用。例如，我们可能想签出一个旧的正确版本（比如 V1.1.0）用以在调试器下运行，并与当前版本进行比较（参见条目 5）。

```
git checkout V1.1.0
```

　　更强大的功能是，如果知道某个 bug 是在两个版本之间引入的，比如 V1.1.0 和 V1.2.3，并且有一个在测试失败时返回非零值的脚本，比如 test.sh，那就可以让 Git 在所有改动中执行二分搜索，直到找到引入 bug 的确切版本。

```
git bisect start V1.1.0 V1.2.3
git bisect run test.sh
git reset
```

Git 还支持通过创建本地分支来尝试修复，之后可以视情况集成或删除该分支。

```
git checkout -b issue-work-1234

# If the experiment was successful integrate the branch
git checkout master
git merge issue-work-1234

# If the experiment failed delete the branch
git checkout master
git branch -D issue-work-1234
```

　　如果我们正在忙别的事情，突然被叫去紧急调试某个问题，那么在处理客户的版本时可以暂时隐藏我们的改动。

```
git stash save interrupted-to-work-on-V1234
# Work on the debugging issue
git stash pop
```

> **要点** ◆ 利用版本控制系统检查文件的历史记录，可以发现 bug 是何时以及如何引入的。
>
> ◆ 使用版本控制系统来查看正确的软件版本与出现故障的软件版本之间的差异。

条目 27：使用监控工具处理包含多个独立进程的系统

　　在出现故障时需要对其进行调试的基于软件的现代系统，很少只包含一个独立的程序。

相反，它们通常包含多种服务、组件和库。在调试这类系统时，首要任务应是快速有效地定位故障元素。在服务器端，可以借助基础监控系统轻松实现这一点。

下面，我们将以流行的 Nagios 工具为例进行说明。这款工具既可以作为自由软件获得，也可以通过由厂商提供支持的产品和服务获得。如果你的公司已经在使用另一套系统，可以继续使用，因为原理是一样的。但无论如何，都应避免自行研发一套系统。与自研的快速解决方案或如 collectd 和 RRDtool 等被动记录系统（passive recording system）相比，Nagios 具有许多优势：经过测试的被动的和主动的服务检查和通知程序、仪表板、轮询事件数据库、无干扰的监控计划、可扩展性强，以及贡献了很多插件的庞大用户社区。

如果软件在云上运行，或基于某种常见的应用程序栈，则可以使用以服务形式提供的基于云的监控系统。例如，Amazon Web Services（AWS）为其云服务提供了监控功能。

为了有效聚焦问题，必须对整个应用程序栈进行监控。首先从最底层的资源开始，监控各主机的健康状况，主要项目包括 CPU 负载、内存使用、网络可达性、执行进程和登录用户的数量、可用软件更新、可用磁盘空间、打开的文件描述符、消耗的网络和磁盘带宽、系统日志、安全性以及远程访问。然后，上移一层，验证软件运行所需的服务是否正确且可靠，主要服务包括数据库、电子邮件服务器、应用程序服务器、缓存、网络连接、备份、队列、消息、软件许可、Web 服务器以及目录。最后，详细监控应用程序的健康状况。具体细节或有所不同，不过最好监控如下几个方面。

- 应用程序的端到端可用性（例如，是否完成一个 Web 表单会导致事务的完成）。
- 应用程序的各个部分，如 Web 服务、数据库表、静态 Web 页面、交互式 Web 表单和报表。
- 关键指标，如响应延迟、排队订单和已完成订单、活跃用户数量、失败的交易、引发的错误、报告的程序崩溃等。

当出现故障时，Nagios 会在其 Web 界面上更新服务状态。图 3.1 显示了在各主机上服务的运行状态，可以看到其中一些服务显示为警告状态（WARNING），一个显示为错误状态（CRITICAL）。此外，我们希望即时收到故障通知，例如通过短信或电子邮件。对于偶尔发生故障的服务，即时通知让我们能够在服务仍处于故障状态时对其进行调试，从而更容易找出故障原因。还可以安排 Nagios 创建工单（ticket），以便问题可以被指派、跟踪和记录（参见条目 1）。Nagios 还支持查看与服务相关的事件随时间变化的柱状图。仔细研究故障发生的时间，可以帮助我们找出导致故障的其他因素，如 CPU 负载过重或内存压力过大等。如果监控了一个服务的整个栈，会发现一些底层的故障会引发一系列其他问题。在这种情况下，通常需要从最底层的故障元素开始调查（参见条目 4）。

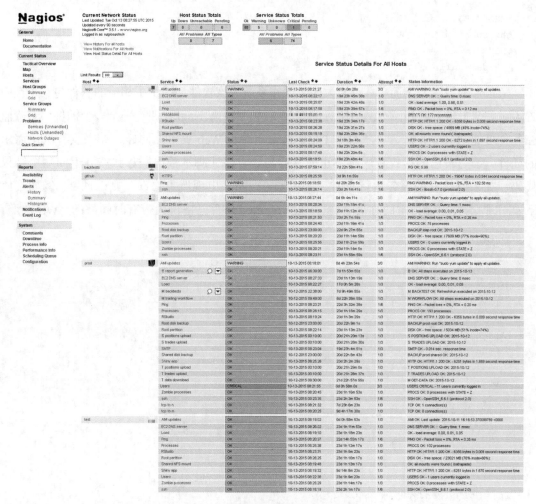

图 3.1　Nagios 监控服务状态详情

　　如果 Nagios 现有的通知选项不能满足需求，编写自定义的通知处理程序也非常容易。以下是一个示例，代码清单 3.1 中的 shell 脚本会在某个服务出现故障时，使用 Stephen Celis 编写的 ghi 工具在 GitHub 上创建一个 issue。

代码清单 3.1　Nagios 插件示例

```
#!/bin/sh
TITLE="$1"
BODY="$2"

# Unescape newlines
```

```
NLBODY="$(printf '%b' \"$BODY\")"
ghi open -m "$TITLE
$NLBODY
" >/dev/null
```

　　Nagios 的设置非常简单。对于大多数操作系统，该软件都提供了相应的软件包，并且内
置了对关键主机资源和流行网络服务的监控支持。此外，Nagios 拥有一千多个插件，支持监
控各种可能的服务，从云、集群和 CMS 到安全性和 Web 表单。同样，如果没有满足需求
的插件，编写自己的检查程序脚本也非常容易。只需让脚本输出服务状态并返回一个结果
代码：如果所检查的服务运行正常，则返回 0；如果出现严重错误，则返回 2。例如，以
下 shell 脚本会验证指定的存储卷（storage volume）是否已备份为带有时间戳的 AWS 快照。

```
#!/bin/sh

HOST="$1"
NAME="$2"
TODAY=$(**date** -I)

LAST_BACKUP=$(ec2-describe-snapshots --filter \
    tag:Name="backup-$HOST-$NAME" \
    --filter tag-key=date |
  awk '
    $1 == "SNAPSHOT" {status = $4}
    $1 == "TAG" && $4 == "date" {
      if (status == "completed" && $5 > latest) latest = $5
    }
    END {print latest}')

if [ "$LAST_BACKUP" = "$TODAY" ]
then
  echo "BACKUP $HOST $NAME OK: $TODAY"
  exit 0
else
  echo "BACKUP $HOST $NAME CRITICAL: last $LAST_BACKUP"
  exit 2
fi
```

要点　◆　建立一套监控基础设施，以检查构成我们所提供服务的所有部分。

　　　　　◆　快速的故障通知让我们得以在服务故障状态下对系统进行调试。

　　　　　◆　利用故障历史来找出有可能帮助我们准确定位问题原因的模式。

第4章　调试器使用技巧

调试器（debugger）是一种专门的工具，允许我们详细检查软件在运行时的行为，是非常常用的应用程序，CPU 和操作系统都为其提供了专门的支持，其他软件可没这待遇。由此可见，专业人士非常重视调试器的价值。学会如何有效地使用调试器，可以体会到专业人士在这方面的投入所带来的诸多好处。根据你选用的工作语言和环境，本章的一些内容对你来说可能并不陌生。如果是这样，可以选择快速浏览，看看有哪些技巧你尚未掌握；否则，请仔细阅读。

尽管存在许多独立的调试器和带调试功能的集成开发环境（IDE），但使用它们来调试软件的方法和技巧大致相同。本章将使用 3 种流行的调试器来演示如何调试编译好的代码：使用 Eclipse 调试 Java 和 Scala 代码，使用 Visual Studio 调试其支持语言（C 语言、C++、Visual C#和 Visual Basic）所写代码，使用 gdb 在 UNIX 下调试其支持的任何语言（C 语言、C++、D、Go、Objective-C、Fortran、Java、OpenCL C、Pascal、汇编、Modula-2 和 Ada）所写的代码。如果你使用的是其他工具，例如使用 Google Chrome 调试 JavaScript 代码，请自行查找相关文档，了解如何执行本章描述的调试任务。如果所用的工具不支持想要的功能，可以考虑换一种工具。

条目 28：编译代码时启用符号调试

虽然调试器可用于调试任何编译好的程序，但当程序包含调试信息时效果最好。这些信息将机器指令映射到相应的源代码，并将内存地址映射到对应的变量。对于被编译成硬件机器指令的程序，如 C 语言、C++和 Go 程序，应用程序一般只提供在运行时与所谓的共享库（UNIX 上）或动态链接库（Windows 上）进行链接所必需的少量信息。这意味着调试器只能识别程序中用到的一小部分例程。下面看一个示例，这是一个正在等待输入的 C++程序的调用栈（参见条目 32）。

```
#0  0xb77c0424 in __kernel_vsyscall ()
#1  0xb75e7663 in read () from /lib/i386-linux-gnu/i686/cmov/
    libc.so.6
#2  0xb758bb3b in _IO_file_underflow ()
    from /lib/i386-linux-gnu/i686/cmov/libc.so.6
#3  0xb758d3db in _IO_default_uflow ()
    from /lib/i386-linux-gnu/i686/cmov/libc.so.6
#4  0xb758e808 in __uflow () from /lib/i386-linux-gnu/i686/
    cmov/libc.so.6
#5  0xb75840ec in getc () from /lib/i386-linux-gnu/i686/cmov/
    libc.so.6
#6  0xb7750345 in __gnu_cxx::stdio_sync_filebuf<char, std::
    char_traits<char> >::uflow() () from /usr/lib/i386-linux
    -gnu/libstdc++.so.6
#7  0xb7737365 in ?? () from /usr/lib/i386-linux-gnu/
    libstdc++.so.6
#8  0xb77386a4 in std::istream::get(char&) ()
    from /usr/lib/i386-linux-gnu/libstdc++.so.6
#9  0x0805083d in ?? ()
#10 0x0804f730 in ?? ()
#11 0x0804b792 in ?? ()
#12 0x08049b13 in ?? ()
#13 0x08049caf in ?? ()
#14 0xb7535e46 in __libc_start_main ()
    from /lib/i386-linux-gnu/i686/cmov/libc.so.6
#15 0x08049a01 in ?? ()
```

示例中显示名称的例程就是代码与共享库链接所需的例程，如 get 和 read。（以下画线开头的名称是内部使用的例程，需要动态链接）。当调试器无法将例程名称与其源代码匹配起来时，会使用双问号（??）作为占位符。

在 UNIX 系统中，编译过程默认情况下还会将用于链接期间解析的变量和例程的名称（非静态符号）包含在编译后的代码中。为了节省空间或隐藏专有信息，这些信息通常会使用一个名为 strip 的命令来删除。而使用未经 strip 命令处理的代码可以获得更多信息。对于同一个程序，如果我们使用的是没有经过 strip 命令处理的版本，它的部分调用栈如下。

```
#8  0xb769e6a4 in std::istream::get(char&) ()
    from /usr/lib/i386-linux-gnu/libstdc++.so.6
#9  0x0805083d in CMetricsCalculator::calculate_metrics_
    switch() ()
#10 0x0804f730 in CMetricsCalculator::calculate_metrics_
    loop() ()
#11 0x0804b792 in CMetricsCalculator::calculate_metrics() ()
```

```
#12 0x08049b13 in process_metrics(char const*) ()
#13 0x08049caf in main ()
```

请注意，问号已经被函数名所取代。对于一个 UNIX 程序，我们可以使用 file 命令轻松确认它是否已经用 strip 命令处理过。下面分别对一个程序的两个版本——一个使用 strip 命令处理过，一个没有使用 strip 命令处理过——执行 file 命令，其输出结果如下。

```
/bin/bash: ELF 64-bit LSB executable, x86-64, version 1 (SYSV),
dynamically linked, interpreter /lib64/ld-linux-x86-64.so.2,
for GNU/Linux 2.6.35, .stripped

nethogs: ELF 64-bit LSB executable, x86-64, version 1 (SYSV),
dynamically linked, interpreter /lib64/ld-linux-x86-64.so.2,
for GNU/Linux 2.6.18, .not stripped
```

各种系统都可以通过设置编译器和链接器选项，将更多调试信息嵌入编译生成的代码中，这些信息包括与每个文件和行号相关联的指令内存地址及各种变量的存储位置。下面是在启用调试信息后编译程序时，前面示例的调用栈列表的部分内容。

```
#9 0x0804f054 in CharSource::get (this=0xbfa0876c,
   c=@0xbfa08637: 8 '\b') at CharSource.h:32
#10 0x0804fa4d in CMetricsCalculator::calculate_metrics_switch
   (this=0xbfa0876c) at CMetricsCalculator.cpp:160
#11 0x0804eea5 in CMetricsCalculator::calculate_metrics_loop
   (this=0xbfa0876c) at CMetricsCalculator.cpp:868
#12 0x0804b4b2 in CMetricsCalculator::calculate_metrics
   (this=0xbfa0876c) at CMetricsCalculator.h:74
#13 0x08049833 in process_metrics (filename=0x8054dd8 "-")
   at qmcalc.cpp:39
#14 0x080499cf in main (argc=1, argv=0xbfa08b94)
   at qmcalc.cpp:72
```

注意，现在我们可以看到与每个方法调用相关联的文件和行号，以及参数的名称和值。正是调试时希望拿到的数据。请记住，为避免暴露专有信息，我们可能不希望将这类数据包含在交付给客户的代码中。

嵌入调试信息的方法取决于所使用的工具。下面是一些常见的情况。

- 在 Eclipse 下开发 Java 代码时，默认会启用调试符号生成。可以通过菜单项 Project—Properties—Java Compiler—Classfile Generation 来控制。
- Oracle JDK 编译器提供了-g 选项（还有一些控制参数）来嵌入所有的调试信息。
- 大多数 UNIX 编译器使用-g 选项来嵌入调试信息。
- Microsoft 的编译器使用/Zi 来完成相同的任务。

- 在 Microsoft 的 Visual Studio 中，可以通过菜单项 Build—Configuration Manager—Active solution configuration 来控制是要进行调试构建还是发布（非调试）构建。（工具栏上也有相应的选项。）

在构建用于调试的代码时，另一个需要考虑的因素是所启用的优化级别。现代编译器会进行大量优化，这些优化会大大改变所生成的代码，以至于我们无法理解它与实际编写的源代码之间的对应关系。如果你正在对源代码进行单步执行（参见条目 29），调试器的运行看起来会不太规律，比如跳过一些语句，或者执行某些语句的顺序和预期不同。为了让大家理解这一点，考虑下面的 C 语言程序。

```c
#include <stdio.h>
int main()
{
    int a, b, c, d, i;

    a = 12;
    b = 3;
    c = a / b;
    d = 0;

    for (i = 0; i < 10; i++)
        d += c;
    printf("result=%d\n", d);
}
```

下面是 Microsoft C 编译器在最高优化级别下生成的相应代码。

```
$SG2799 DB 'result=%d', 0aH, 00H
_main PROC
    push 40
    push OFFSET $SG2799
    call _printf
    add esp, 8
    xor eax, eax
    ret 0
_main ENDP
```

所生成的代码实际上只是将变量 d 的最终值（40）压到栈中，并调用 printf 来显示结果。没有赋值、计算和循环操作。编译器在编译的时候就执行了所有的计算，因此生成的代码只是显示预先计算好的值。在调试复杂的算法时，我们肯定不希望出现这种代码不见了的情况。

因此，应该确保在生成调试构建时，禁用了编译器的代码优化功能。如果使用的是 IDE，它会在我们选择调试配置或发布配置时正确控制这一点。此外，Oracle 的 Java 编译器不会执行任何优化，而是将优化工作留给 JIT JVM 编译器，JVM 编译器在运行时执行，负责将 Java 字节码编译为机器代码。如果是从命令行调用编译器，可以在调用时提供禁用选项，在 UNIX 上使用-O0，在 Microsoft 的工具上使用/Od。请注意，即使禁用了优化，编译器可能仍会修改我们的程序，例如，删除死代码或计算出常量表达式的值。禁用优化主要适用于调试构建；在生产构建中通常应该避免，因为它可能会严重降低生成代码的性能。然而，一些公司出于简化调试的目的，同时避免不够成熟的编译器引入错误优化的风险，仍然会在生产构建中禁用编译优化。有些公司甚至还打着简化调试的名义，冒着其产品被逆向工程的风险，在交付的代码中加入调试符号。

有两种情况，可以考虑在调试构建中不禁用优化。一种情况是，我们想让编译器优化程序中对性能至关重要的部分，同时这部分并不是要调试的代码。这时可以根据需要调整构建配置；值得庆幸的是，常用的优化设置允许优化代码与未优化代码共存。另一种情况是，我们可能会遇到只在生产构建（而不是调试构建）中出现的 bug。在这种情况下，我们需要定制一个构建设置，使其既可以包含调试信息，又可以像生产构建一样优化代码。

要点 ◆ 配置构建设置，以获得所需的调试信息级别。
◆ 禁用编译器的代码优化，以确保生成的代码与正在调试的代码相对应。

条目 29：单步执行代码

实时跟踪程序的详细执行过程是不可能的，因为计算机每秒要处理数十亿条指令。使用调试器对代码进行单步调试，可以一次只执行一条程序语句（或机器指令）。通过单步调试，我们可以找出程序执行的指令序列中的错误。因此，我们可以看到分支出现错误的条件语句，或者执行次数多于或少于预期的循环。正如本章的其他条目一样，通过单步执行，还可以在每条语句执行前后检查程序的详细状态。

开始对程序进行单步执行的方式取决于所使用的工具。在 Eclipse 中，打开调试视图（菜单项 Window—Open Perspective—Debug），运行程序（菜单项 Run—Debug，或按 F6 键），然后按 F5 键单步执行每条语句。在 Visual Studio 中，选择菜单项 Debug—Step Into，或直接按 F11 键。在 UNIX 命令行中，以程序的可执行文件为参数调用（gdb）（gdb path/to/myprog），在程序的入口点设置一个断点，例如 break main（参见条目 30），然后执行 step 命令（或直接按回车键重复执行）。注意，许多面向对象语言会在程序的 main 入口点之前执行一些代码，比如运行静态对象的构造器。

　　单步执行所得到的信息往往比我们想要得到的更多。在大多数情况下，我们并不想看到循环内部每个例程的详细执行情况。幸运的是，调试器提供的单步跳过（step over）功能（在 Eclipse 中按 F6 键，在 Visual Studio 中按 F10 键，在 gdb 中对应的是 next 命令）正是为此设计的。通常检查算法步骤的方法是：单步跳过不重要的例程，单步进入要排查故障的例程。如果发现自己错误地进入了一个例程，也可以要求调试器运行该例程中的所有代码，直到其返回点（在 Eclipse 中按 F7 键，在 Visual Studio 中按组合键 Shift-F11，在 gdb 中使用 finish 命令）。

　　有时，在单步跳过某个例程之后我们又想单步执行它。处理方法是，在调用该例程的语句处添加一个断点，并从程序的用户界面重新运行有问题的部分，或重新启动整个程序。程序将在该例程即将被调用的位置停止执行，这样我们就有机会单步执行它了。通过这样的过程，可以缩小问题的范围：单步跳过大部分的执行代码，直到找到有问题的部分。然后，添加一个断点并重新运行，对这部分代码重复上述过程。或者，考虑使用调试器的反向调试功能（参见条目 31）。

要点　　◆ 通过单步执行代码来检查执行的指令序列和程序的状态。

　　　　　◆ 通过单步跳过无关部分来加快检查速度。

　　　　　◆ 通过设置断点、重新运行代码并进入关键例程，缩小要单步跳过的问题范围。

条目 30：使用代码和数据断点

　　通过设置代码断点，可以对要检查的代码进行微调。我们可以在源代码中希望停止执行的位置设置断点并将控制权交给调试器（在 Eclipse 中使用菜单项 Run—Toggle Breakpoint 或按组合键 Ctrl-Shift-B，在 Visual Studio 中使用菜单项 Debug—Toggle Breakpoint 或按组合键 Shift-F11，在 gdb 中使用 break file-name:line-number 命令）。除了在源代码中指定某个位置，还可以指定例程的名称（在 Eclipse 中使用菜单项 Run—Toggle Method Breakpoint，在 Visual Studio 中使用菜单项 Debug—New Breakpoint—Break at Function，在 gdb 中使用 break routine-name 命令）。然后，我们可以从程序的开始位置运行代码（在 Eclipse 中使用菜单项 Run—Run 或按组合键 Ctrl-F11，在 Visual Studio 中使用菜单项 Debug—Start Debugging 或按 F5 键，在 gdb 中使用 run 命令），也可以从之前的位置继续运行代码（在 Eclipse 中使用菜单项 Run—Resume 或按 F8 键，在 Visual Studio 中使用菜单项 Debug—Continue 或按 F5 键，在 gdb 中使用 continue 命令）。

代码断点使我们能够将目光快速聚焦在所关注的代码上。我们可以在那里设置一个断点，运行程序直到该点。代码断点还可以帮助我们避免浪费时间去单步执行我们不感兴趣的代码序列。对于这样的代码序列，我们可以在其末尾设置断点并继续执行；一旦控制到达该点，程序就会在调试器中停止运行。

通过创造性地组合断点，还可以检查仅出现于特定代码路径中的故障。考虑这样一种情况，问题发生在一个经常被调用的例程 c 中，它只有作为测试用例 t 的一部分被调用时才会发生故障。在 c 中添加断点是浪费时间，强迫我们继续反复程序的执行，直至运行到在 t 执行时调用它的点。相反，我们应该做的是在程序执行过程中添加（或启用）c 上的断点：首先在 t 中设置一个断点，当运行到该点时，再添加一个 c 上的断点。

如果要检查程序在出现问题之前的状态，代码断点也很有用。现代调试器通常会在发生糟糕的情况时中断执行，并将调试器的控制权交给用户。例如，当出现未处理的异常时，Visual Studio 会打开一个对话框，让用户有可能中断其执行，而 gdb 会在程序中止（通过异常、信号或调用 abort()）时中断执行。在 Eclipse 中，必须进行明确的设置：在通过菜单项 Run—Add Java Exception Breakpoint 打开的对话框中，搜索任意异常，并指定是否希望程序在发生这种异常时暂停其操作。

然而，调试器并没有超能力：如果程序代码会在某些异常条件下终止，最终我们看到的就是一个停止运行的程序，无法简单地确定该条件发生时程序的状态。对于这样的情况，可以通过在处理这些事件的程序代码中添加断点来应对。如果找不到相关代码，就在通常用于终止程序操作的例程中设置断点（exit、_exit 或 abort）。

如果没有添加合适的断点，而程序挂起了（停止响应），可以使用调试器强制停止其执行（在 Eclipse 中使用菜单项 Run—Suspend，在 Visual Studio 中使用菜单项 Debug—Break All 或按组合键 Ctrl-Alt-Break，在 gdb 中按组合键 Ctrl-C）。程序停止后，可以通过检查程序的调用栈找到当时正在执行的语句（参见条目 32）。通常情况下，这将为我们提供足够的上下文信息，让我们了解程序挂起的原因。或者，我们可以从这一点开始单步执行（参见条目 29），以更好地理解代码的行为。

有时我们关心的并不是某段代码何时执行，而是某些数据是何时发生变化。这时就需要使用数据断点（data breakpoint）或观察点（watchpoint）。要在每秒执行数十亿条指令的代码中找到修改变量值的那条指令，任务非常艰巨，特别是当（游离的）指针有可能修改任意内存位置时。幸运的是，现代 CPU 包含巧妙的电路，调试器可以通过指定与变量对应的内存位置和大小来设置数据断点。在每次执行内存写入时，CPU 会检查被写入的内存地址是否落在所指定的数据断点的范围之内，如果是，则中断程序执行，从而将控制权交给调试器。由于这些检查与正常的内存写入同时发生在 CPU 的电路中，因此程序的执行通常不会减慢。

由于数据断点与底层硬件关系密切，因此在不同平台上设置起来有些差别。在 Visual Studio 中，要设置数据断点（Debug—New Break point—New Data Breakpoint），程序必须已经开始执行，这样全局变量的地址才能固定下来。然后，不是指定自己感兴趣的变量的名称，而是指定其内存位置（&variable）和大小（例如，整型数的大小通常为 4 个字节，双精度浮点数的大小通常为 8 个字节）。在 gdb 中，只需指定变量的名称作为 watch 命令的参数。（如果 gdb 没有给出 Hardware watchpoint 这样一行文字，则表示平台或技术参数不允许使用硬件支持的观察点。在这种情况下，gdb 将在软件中模拟该功能，这会使程序的运行速度降低好几个数量级）。在这两种环境下，如果想在动态分配的变量（通过 malloc 或 new 在堆上分配的变量，或例程的局部变量）上设置数据断点，就必须等到该变量出现（通过设置合适的代码断点），这样当我们指定该变量时，才知道其地址。在 Eclipse 中调试 Java 程序时，观察点设置起来更为简单：打开该字段的上下文菜单，然后选择 Toggle Breakpoint。

调试器支持使用条件（仅当指定条件为真时中断）、命中计数（仅在指定次数之后中断）和过滤器（例如，仅在指定线程中设置断点）来限定断点。尽管这些功能有时非常有用，但如果过分依赖它们，则可能表明我们需要更强大的调试辅助工具，如目标明确的测试用例（参见条目 54）或强大的日志记录功能（参见条目 40）。

> **要点**　◆ 通过代码断点缩小自己感兴趣的代码范围。
>
> 　　　　◆ 当命中的断点并非自己感兴趣的断点时，可以增加一个断点，尽快跳过无关部分。
>
> 　　　　◆ 通过在异常或退出例程上中断来调试异常终止。
>
> 　　　　◆ 通过在调试器中停止程序的执行来排查挂起的程序。
>
> 　　　　◆ 使用数据断点准确定位难以理解其变化的变量。

条目 31：熟悉反向调试

现代计算机充足的内存空间和高速的 CPU 通常允许我们以相反的顺序执行程序。一般是这样实现的，让每条指令记录其所做的更改，并在反向执行程序时撤销这些更改。在执行程序时，当我们意识到想要隔离的故障已经发生时，反向调试尤为有用。通常情况下，我们会从程序的开头开始执行，在发生故障之前的某个位置设置一个断点，希望通过单步执行逐步接近故障从而捕获它。在重新执行程序时，我们甚至可能需要再次经历一遍程序失败所需的耗时过程。然而，可能就是因为一次不耐烦的操作，我们跳过了一个函数，致使我们错过了这个故障。而在使用反向调试（Reverse Debugging）时，如果错过了故障，我们只需要反向执行程序（然后可能再次向前执行），直到找到故障为止。

许多独立调试器和集成开发环境都支持反向调试，只是形式不同，名称各异。例如，Visual Studio IntelliTrace、Rogue Wave 软件的 TotalView ReplayEngine、Undo 软件的 UndoDB 以及 gdb（无论是独立使用还是通过 Eclipse CDT 使用）。由于反向调试尚未得到普遍支持，因此获取这类工具的难易程度和成本可能会有所不同。

眼见为实，下面使用 gdb 简单演示一下反向调试。（为了保持行文的简洁，这个程序是没有 bug 的；它只是为了演示在实际调试 bug 时如何回到上一步。）

```
 1 #include <stdio.h>
 2 int
 3 main()
 4 {
 5     int i, sum = 0;
 6
 7     for (i = 0; i < 10; i++)
 8         sum += i;
 9     printf("%d\n", sum);
10 }
```

让我们先调试程序，在 main 的入口点处设置断点。

```
(gdb) break main
Breakpoint 1 at 0x40050e: file loop.c, line 5.
(gdb) run
Starting program: /home/dds/a.out

Breakpoint 1, main () at loop.c:5
5           int i, sum = 0;
```

这时，可以让 gdb 显示 i 和 sum 的值，并在该例程的最后一行设置断点。还可以让 gdb 记录程序的执行过程，以便以后可以反向执行。

```
(gdb) display i
(gdb) display sum
(gdb) break 10
Breakpoint 2 at 0x400542: file loop.c, line 10.
(gdb) record
```

当程序中断时，变量 i 和 sum 的值符合预期。

```
(gdb) cont
Continuing.
45
Breakpoint 2, main () at loop.c:10
10 }
2: sum = 45
1: i = 10
```

这时，可以使用 gdb 的 reverse-next 命令来反向执行程序。

```
(gdb) reverse-next
9               printf("%d\n", sum);
2: sum = 45
1: i = 10
(gdb) reverse-next
7               for (i = 0; i < 10; i++)
2: sum = 45
1: i = 9
(gdb) reverse-next
8                       sum += i;
2: sum = 36
1: i = 9
```

reverse-step 命令的工作方式与 reverse-next 的相同，但它会进入例程的执行，而不是跳过它们，这一点与 step 命令一样。reverse-continue 命令允许反向执行程序，直到遇到前面的第一个断点。在这个示例中，断点位于 main 函数的入口点，可以看到 i 和 sum 这两个变量的值又变成了初始值。

```
(gdb) reverse-continue
Continuing.

No more reverse-execution history.
main () at loop.c:5
5               int i, sum = 0;
2: sum = 0
1: i = 0
```

请注意，反向调试有许多限制。这是因为，为了让我们进行"时间旅行"，调试器需要在幕后做大量的工作。因此，所调试的程序的性能可能会大幅下降，调试器将需要大量的内存，而且允许回溯的时间距离可能也是有限制的（gdb 默认支持回溯 200000 条指令）。此外，与其他系统和外部世界的交互通常无法"撤销"：已经出现在终端上的字符会保留在那里，从远程数据库中删除的行也不会重新出现。当再次向前执行时，传入的异步事件（如信号和网络数据包）也很难复制。尽管如此，这项功能有时还是能为我们省去几个小时枯燥而痛苦的工作。

　　要点　✦　熟悉反向调试。

条目 32：沿着例程之间的调用关系寻找问题

　　在程序执行时，会用到一个名为调用栈（call stack）或简称栈（stack）的数据结构，以便例程能够以一种有序的方式相互调用。当一个例程调用另一个例程时，以下数据会被压到栈上或分配到栈上。（有时会使用 CPU 寄存器来优化性能。）

- 传递给被调用例程的参数（通常按从右到左的顺序排列，这样很容易适应参数数量可变的例程）。
- 如果例程是一个实例方法，则会压入指向相应对象的指针。
- 被调用例程执行结束后要返回的地址。
- 被调用例程的局部变量。

　　所有这些元素都是相对于当前栈的位置来寻址的，因此支持进行任意多次的调用（甚至是递归调用）。栈是与正在执行的程序相关联的第二重要的信息。（最重要的是当前正在执行的程序位置。）

　　请注意，在许多 CPU 架构上，如 x86、x86-64 和 68k，调用约定（calling convention）决定了栈确实会按照所描述的方式来使用。而在其他 CPU 架构上，如 ARM、PowerPC 和 SPARC，例程的参数和（在某些 CPU 上）返回地址会存储在 CPU 的寄存器中。然后，只有在没有足够的寄存器来处理数据的情况下才会使用栈。

　　所有调试器都提供了查看栈的方法（例如，在 Eclipse 中是使用菜单项 Window—Show View—Debug，在 Visual Studio 中是使用菜单项 Debug—Windows—Call Stack 或组合键 Alt-7，在 gdb 中是使用 `where` 命令）。每个例程调用会显示为单独的一行，其中包含与该例程相关的文件或类、例程的名称、参数以及最后执行的代码行。这为我们提供了程序状态的快照。当前正在执行的例程显示在栈的最上面一行，而在靠近栈底部的位置，可以看到程序的入口点（通常是名为 `main` 的例程），有时还会看到跳转到 `main` 的运行时库甚至是内核例程（例如，在 Windows 程序中是 `wmainCRTStartup()`）。在多线程程序中，每个线程都有自己的栈。

　　特定的栈轨迹（stack trace）可以揭示一些问题。

- 如果栈轨迹的顶部包含无法识别的例程，则表示程序在执行某些第三方代码时发生了中断。这经常发生在 GUI 程序中，在这些程序中，底层的交互（如等待用户点击按钮）是通过该框架的库来实现的。当程序调用某个第三方库（如嵌入式 SQL 数据库）来执行一些繁重的任务时，也会发生这种情况。如果出现的例程没有参数，并且是通过内存地址而不是名称列出的，那就说明该代码在编译时没有包含调试信息（参见条目 28）。可以向下扫描栈轨迹，找到程序调用第三方代码的位置。

- 如果栈轨迹只包含第三方例程，那么程序很可能是通过一个框架执行的，这个框架通过回调例程与程序交互，保留了程序流程的控制权。我们一般不调试框架的代码，所以需要添加一些断点，以便有机会调试程序代码。

- 如果栈轨迹非常浅，而且没有包含任何可识别的例程，那么很可能是代码中存在一个无效指针，破坏了栈。我们需要从一个更早的位置仔细地单步执行代码，以找到栈是在哪里被破坏的。

- 如果栈轨迹中多次出现相同的例程，那么很可能是递归代码存在 bug。

在显示栈信息的情况下，可以轻松地在其例程之间移动。在图形化的调试器中，只需单击相应的栈行，调试器就会将其上下文切换到与相应栈帧关联的例程。在那里可以看到最后执行的栈行，并检查该例程的局部变量和参数。在 gdb 中，可以使用命令 frame n 将上下文设置为第 n 个栈帧。还可以使用 up 和 down 命令在栈帧之间移动。

要点　◆　通过查看程序的栈来了解其状态。

　　　　　◆　如果栈很乱，则很可能是代码中的问题导致的。

条目 33：通过检查变量和表达式的值查找错误

要检查例程的关键变量，有个快速而简单的方式，就是显示其局部变量的值：在 Eclipse 中可以使用菜单项 Window—Show View—Variables 或按组合键 Alt—Shift—Q V，在 Visual Studio 中可以使用菜单项 Debug—Windows—Locals 或按组合键 Alt-4，在 gdb 中可以使用 info locals 或 info args 命令。对于优质代码，局部变量数量应该较少，并且能够提供跟踪代码执行过程所需的所有信息。如果某些表达式太过复杂，以至于通过局部变量的值很难理解，可以考虑引入命名恰当的临时变量来简化它们。不用担心这种改动会影响性能，因为编译器通常可以优化掉这些临时变量，对性能的影响微乎其微。

Gary Bernhardt 在 CodeMash 2012 上做过一场题为 "Wat (What?)" 的有趣演讲，正如他

所讲的，表达式的值有时会与我们的预期不符。因此，当我们试图理解为什么某些代码的运行令人费解时，就该查看一下它的表达式的值。如果这个表达式是代码的一部分（而不是 C/C++ 宏的一部分），就要查看它的值，用鼠标选中它，如果是在 Eclipse 中，可以单击上下文菜单中的 Inspect，如果是在 Visual Studio 中，只需要将鼠标指针悬停在所选择的表达式上。在调试过程中，可以显示任意表达式的值，具体方法为：在 Eclipse 中，转到 Window—Show View —Display 窗口，输入表达式，选择它，然后从上下文菜单中单击 Inspect；在 Visual Studio 中，打开 Debug—QuickWatch（或按组合键 Shift-F9），然后输入表达式；在 gdb 下，使用 `print expression` 命令。请记住，只有当表达式中的变量是在当前栈帧中定义的，调试器才能对其进行求值。

　　观察表达式的值在代码执行过程中是如何改变的通常非常有用。为此，可以在 Eclipse 的 Window—Show View—Expression 窗口或 Visual Studio 的 Debug—Windows—Watch 窗口中输入要观察的表达式；如果使用的是 gdb，可以执行 `display expression` 命令。在 Visual Studio 中，每当表达式的值发生改变，该表达式会以红色显示，这样就更容易跟踪算法的执行情况了。

　　各种调试器扩展、库和工具都可以帮助我们查看和理解复杂的数据类型和数据结构，如任意精度数字、树、映射和链表。

- 在 Visual Studio 中，可以编写一个自定义的可视化器（custom visualizer），以适当的格式显示目标对象。
- 在 gdb 中，相应的工具是 pretty-printer。
- 在 QtCreator 中，应该找 debug visualizers。
- 使用 Python 编程时，导入 `pprint` 模块并使用其 `PrettyPrinter` 类。
- 在 Perl 程序中，使用 `Data::Dumper` 模块。
- 在 JavaScript 代码中，使用 `JSON.stringify(obj, null, 4)` 来显示对象。
- Python Tutor 允许我们将 Python、Java、JavaScript 或 Ruby 代码粘贴到一个窗口中，逐步执行代码，并查看对象和栈帧指针是如何相互指向的（见图 4.1）。
- 如果找不到合适的选项，可以编写一个小脚本，将数据转换为 Graphviz dot 程序的输入。

要点　◆ 验证关键表达式的值。

　　　　◆ 通过设置，让在算法执行过程中会发生改变的表达式连续显示。

　　　　◆ 通过局部变量跟踪例程的逻辑。

　　　　◆ 使用数据可视化工具厘清复杂的数据结构。

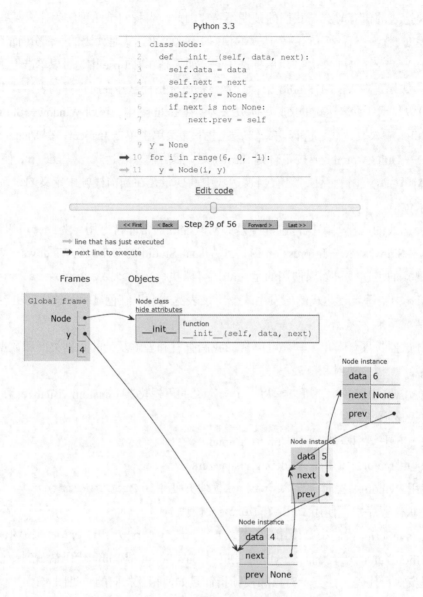

```
Python 3.3
1  class Node:
2    def __init__(self, data, next):
3      self.data = data
4      self.next = next
5      self.prev = None
6      if next is not None:
7        next.prev = self
8
9  y = None
10 for i in range(6, 0, -1):
11   y = Node(i, y)
```

图 4.1　利用 Python Tutor 实现双链表的可视化

条目 34：将调试器附加到正在运行的进程上

有时我们付出了很多努力，或是在机缘巧合之下，成功重现了一个重要但又难以捉摸的 bug。但问题是，出现 bug 的这个程序并不是在调试器中运行的，而要再次重现这个 bug 可能非常困难。那该怎么办呢?

幸运的是,调试器允许我们将其附加到正在运行的进程上。在 Visual Studio 中,可以使用菜单项 Debug—Attach to Process。对于 gdb,首先需要找到想要调试程序的进程 ID,它是以数字形式表示的。进程 ID 可以这样获取——运行 ps 命令并查看 PID 列。ps 命令的参数和输出在不同系统上可能会有所差别。下面分别列出了在 GNU/Linux、OS X 和 FreeBSD 上对于给定的服务器用户查询 Web 服务器进程时执行的命令。

```
$ ps -u apache
  PID   TTY       TIME   CMD
25582   ?      00:00:00 httpd
25583   ?      00:00:00 httpd
$ ps -u www
  UID PID TTY         TIME CMD
  70  299 ??      0:00.02 /usr/sbin/httpd -D FOREGROUND
  70 5363 ??      0:00.00 /usr/sbin/httpd -D FOREGROUND
$ ps -U www
PID TT STAT TIME COMMAND
1045 - S   33:39.19 nginx: worker process (nginx)
```

然后,以可执行程序作为参数运行 gdb,后面加上 -p 选项和要调试的进程的 ID。

```
$ sudo gdb -p 25582
(gdb) where
#0 0x00007f75e115d017 in accept4 () from /lib64/libc.so.6
#1 0x00007f75e18687ba in apr_socket_accept () from /usr/lib64/
   libapr-1.so.0
#2 0x000055f2aff25513 in ap_unixd_accept ()
#3 0x00007f75d859f717 in ?? () from /etc/httpd/modules/
   mod_mpm_prefork.so
#4 0x00007f75d859f9d5 in ?? () from /etc/httpd/modules/
   mod_mpm_prefork.so
#5 0x00007f75d859fa36 in ?? () from /etc/httpd/modules/
   mod_mpm_prefork.so
#6 0x00007f75d85a0710 in ?? () from /etc/httpd/modules/
   mod_mpm_prefork.so
#7 0x000055f2afef000e in ap_run_mpm ()
#8 0x000055f2afee97b6 in main ()
```

要将调试器附加到 Java 程序上,必须使用类似下面的参数来执行负责启动该程序的 JVM。

```
-agentlib:jdwp=transport=dt_socket,address=127.0.0.1:8000,\
server=y,suspend=n
```

上面的命令让运行的程序在 TCP 端口 8000 上监听来自同一主机（IP 地址是 127.0.0.1，也称为 localhost）的调试器连接。如果正在运行的 Java 进程有多个，那么每个进程必须使用唯一的端口号来监听——从 1024 到 65535 这个范围内选择没有使用的端口号。可以通过运行 `netstat -an` 命令查找处于监听状态的 TCP 连接来查看已使用的端口。在 Eclipse 中可以通过 Run—Debug Configurations—New launch configuration，设置 `Host` 和 `Port` 字段，使其与启动程序时使用的参数匹配，然后单击 Debug，这样就可以将调试器附加到指定的进程上了。或者，如果有一个行为异常的 Java 进程，我们可以以其进程 ID 作为参数来运行 `jstack` 命令。这将显示所有正在执行的线程的栈转储信息，从而让我们了解进程正在做什么。

在将调试器附加到正在运行的进程上之后，可以暂停进程的执行（在 Eclipse 中使用菜单项 Run—Suspend，在 Visual Studio 中使用菜单项 Debug—Break All，在 gdb 中使用 break 命令），并通过查看调用栈来检查正在执行的代码的上下文（参见条目 32）。或者，也可以设置断点，并等待运行的代码触发这些断点。在程序运行时，我们还可以检查全局可访问的变量和对象。

我们可能还需要调试在其他主机上执行的进程。这在两种情况下非常有用。一种情况是，我们使用的是一个 GUI 调试器，但要调试的程序却在一台没有 GUI 或无法远程访问 GUI 的计算机上执行。嵌入式软件或在服务器上运行的代码通常就是这种情况。另一种情况是，要调试的代码位于某个设备上，而这个设备没有足够的资源或基础设施来运行完整的调试器。在这些情况下，我们可以远程运行一个小型调试监视器，并配置调试器与其连接。不同调试器和连接类型的细节差别很大，具体请参考其设置文档。

下面是一个使用 gdb 远程调试电视机上运行的视频录制程序的例子。在电视机上，让程序在调试服务器下运行，调试服务器将在（空闲的）TCP 端口 1234 上监听将在工作站上运行的客户端的连接。

```
$ gdbserver your-workstation.example.com:1234 video-recorder
```

然后，在工作站上对同一个可执行文件运行 gdb，再用 `target` 命令指定远程主机和端口。

```
$ gdb video-recorder
(gdb) target remote tv-12.example.com:1234
Remote debugging using tv-12.example.com:1234
```

从现在开始，我们就可以在工作站上使用常用的 `gdb` 命令控制和检查在电视机上运行的进程了。如果感觉这种远程调试方法过于复杂，可以考虑在远程主机上安装和使用 GUI 调试器，并将调试器窗口显示在自己的桌面上，或将远程主机的屏幕镜像到自己的屏幕上（参见条目 18）。

要点 ◆ 通过将调试器附加到已经运行的进程上对其进行调试。

　　　　◆ 对于运行在资源受限的设备上的应用程序，通过远程调试工具进行调试。

条目 35：处理核心转储文件

　　应用程序崩溃并终止后对其进行调试往往也是有可能的。在 UNIX 系统中，崩溃的原生应用程序会生成一个核心转储（core dump）文件。这是应用程序崩溃时的内存镜像。（这个名字来源于该概念引入时使用的磁芯内存技术。）要生成核心转储文件，有各种不同的要求和配置可以设置，既可以很简单——只要允许应用程序在其当前目录下创建一个名为 core 的文件，也可以很复杂——在 Linux 上可以配置将核心转储通过管道进入某个指定的程序中。需要注意的一个最重要的地方是对核心转储文件大小的用户限制，这个值通常会被配置为零。可以使用 ulimit -c 命令来查看这个值，同时可以将我们希望支持的这类文件的最大大小写进去（以 KB 为单位表示）。将这个命令添加到用户的配置文件或全局的配置文件中（如 .bash_profile 或 /etc/profile），可以使其永久生效。

　　要使用 gdb 检查 UNIX 内核转储镜像，可以在启动 gdb 时，以程序镜像和核心转储文件作为参数。然后输入 where 命令来查看程序崩溃的位置，使用在调用栈帧中移动的命令，并对表达式进行求值，以确定程序的状态。核心转储非常有用，当程序遇到内部错误时，我们希望能够在程序内部生成核心转储文件。通过调用 abort 函数可以轻松实现这一点。

　　在 Windows 上，原生应用异常终止之后对其进行调试的过程与在 UNIX 上有所不同。Windows 程序默认情况下不会生成转储文件。相反，必须在应用程序中调用 MiniDumpWriteDump 函数来生成转储文件。和 abort 类似，可以在遇到内部错误时调用 MiniDumpWriteDump。不过，当程序遇到异常时，例如试图访问非法的内存地址时，我们可能也需要调用 MiniDumpWriteDump。为此，我们需要调用 SetUnhandledExceptionFilter 函数，并将负责调用 MiniDumpWriteDump 的函数作为参数传递给它。有了转储文件，就可以在 Visual Studio 中打开它，进而检查发生转储时应用程序的状态。

　　如果应用程序没有崩溃，但停止了响应或进入了另一种需要调试的状态，则可能需要强制创建内存转储文件，而不是将调试器附加到它上面。这对于永久记录程序状态、将转储文件发送给同事或将调试推迟到以后都很有用。在 Unix 上，可以使用命令 kill -ABRT process-id（进程 ID）向程序发送 SIGABRT 信号。如果程序是在终端窗口中运行的，也可以按组合键 Ctrl-\ 向其发送这个信号。在 Windows 上，可以打开任务管理器，右击自己感兴趣的进程，然后选择创建转储文件（Create Dump File）。这将在临时文件夹（即 TEMP 环境变量对应的文件夹，可以运行 `%TEMP%` 查看）中生成一个转储文件。

遗憾的是，如果使用的是 C#、Java、JavaScript、Perl、Python 或 Ruby 等托管语言，它们对事后调试（postmortem debugging）的支持可能参差不齐，有的依赖于具体厂商，有的甚至就不支持。这是因为底层技术更为抽象、复杂，而且与具体实现相关（可以考虑一下 JIT 编译），所以无法直接利用操作系统来创建内存转储，而且这种情况下对内存转储的要求更高（可以考虑一下成千上万的执行线程或待处理的 JavaScript 事件）。在本书写作之时，这些环境中有很多对于事后调试仅有很少的支持，或者根本没有支持。如果你正是在这样的环境下工作，那么在了解事后调试能做什么之后，可以查阅当前的文档以了解当前环境提供了哪些能力。

事后调试有个非常自然的应用，就是可以调试从客户那里获得的内存转储的系统。要做到这一点，需要安排好下面几件事情。

（1）对程序进行设置，以支持创建内存转储和相关的元数据。前文已经介绍了如何创建内存转储。对于元数据，至少需要程序的版本号，其他可能有用的数据包括程序执行的环境（例如，处理器、操作系统、环境变量、共享库的版本）、日志文件、输入数据（要注意客户数据的保密性），以及程序的使用记录（这可以轻松存储在一个日志文件中）。

（2）当程序（在客户的计算机上）生成内存转储文件时，我们必须将其发送到自己手里。考虑到程序崩溃后其状态可能会损坏，无法完成发送操作，所以最好借助一个外部程序来完成这项工作。可以通过另一个程序来运行待调试程序，并负责检查其退出状态，在该状态与预先商定的某个值匹配时发送内存转储文件。在这种情况下，如果是在 UNIX 上，可以让程序在 SIGABRT 信号处理程序中以该匹配值退出，如果是在 Windows 上，则是在异常过滤器函数中以该匹配值退出。要发送数据，HTTP POST 请求可能是最简单且最可靠的方法之一。

（3）在调试人员这一端，需要编写一个小型服务器来接收 HTTP 请求并存储数据，以供进一步分析。最好将一些元数据存储在数据库中，以便能够轻松地对其进行分析。

（4）调试人员还需要有办法调试崩溃的版本。对于源代码，可以简单地在版本控制系统中为每个发布的源代码版本打标签（参见条目 26），并将这个标签包含在发送的元数据中。除非有信心能够从指定标签的源代码版本重新构建出完全相同的可执行文件（考虑到嵌入的时间戳、代码随机化和编译器更新，这并非易事），否则最简单的方法可能是将已交付的每个版本的可执行二进制文件版本保存下来（对于 Windows 程序，还需要存储关联的调试信息，也就是 PDB 文件）。

（5）当我们想要调试客户遇到的程序崩溃问题时，应该使用正确的源代码、正确的可执行文件和相应的内存转储文件来启动调试器。

考虑到事后调试过程的复杂性，可以使用一个执行这些任务的框架，比如用于 iOS 和 OS X 的 PLCrashReporter，以及基于它构建的服务，或者像 Crittercism、New Relic 或 Splunk MINT 提供的托管服务。

要点 ◆ 通过获取和检查内存转储文件来调试崩溃和挂起的应用程序。
    ◆ 通过设置崩溃报告系统来调试已安装的客户应用程序。

条目 36：配置优化自己的调试工具

在调试时，对基础设施进行投资是值得的（参见条目 9）。这包括高效的调试器设置。以下是一些建议。

首先，使用 GUI。虽然使用命令行界面调试效率很高，但笔者认为调试是为数不多的几个通过 GUI 几乎总能获得更好效果的任务之一。原因在于，使用 GUI 可以同时呈现多种数据（包括源代码、局部变量、调用栈和日志消息等）这一点对调试很有帮助。如果你使用的是 Eclipse 或 Visual Studio，那么你已经可以体验到了。如果你使用的是 gdb，那么有几种替代方案可供选择。功能最多的一个选择是 DDD（Data Display Debugger）。这是一个基于 UNIX 的调试器前端，它不仅为 gdb 提供了一个全功能的 GUI，也为其他命令行调试器提供了一个 GUI，如 Perl、Bash（bashdb）、make（remake）和 Python（pydb）。除了常用的调试器命令之外，DDD 还提供了一种强大的方式来显示程序的数据结构。如果程序是在 UNIX 主机上运行的，建议使用它。（客户端可以是任何支持 X server 的计算机系统，包括 Windows 和 OS X。）另一个选择是使用 gdb 的基于文本的用户界面，可以用-tui 选项启动 gdb，也可以直接在 gdb 中执行 "-" 命令来切换。如果不习惯其类 Emacs 的键盘绑定方式，另一个替代方案是使用 cgdb，它提供了一个类 vi 的界面。

提高调试器会话效率的另一种方法是将对调试程序有用的命令保存到文件中，并在启动时执行。Visual Studio 和 Eclipse 会自动保存调试会话的设置，如断点和观察点，并将其作为正在处理的项目的一部分。在 gdb 中处理起来就要困难一些了，但好在我们能做的事情更多了。可以将要执行的 gdb 命令放在一个名为.gdbinit 的文件中，并将该文件放在自己的 home 目录（这样所有的 gdb 会话都会加载该文件）或项目目录下（这样当在项目目录下运行 gdb 时就会加载该文件）。还可以将要执行的 gdb 命令放在一个文件中，并在启动时使用-x 选项来加载该文件。甚至可以综合使用这 3 种方法。

- 将所有调试会话都要使用的命令放在 $HOME/.gdbinit 中。
- 将仅对特定项目有用的某些定义放在 myproject/.gdbinit 中。
- 将对于调试 issue 1234 有帮助的断点和观察点放在 issue-1234 中。

set history save 是一个特别有用的命令，值得放在全局 .gdbinit 文件中。这将保存在每个调试会话中输入的命令，当再次运行 gdb 时，可以通过键盘的上箭头（up）键或通过搜索来调用它们。在 home 目录下有一个名为 .inputrc 的文件，可以通过放在这个文件中的命令来设置 gdb 的输入编辑界面，使其符合个人偏好。例如，命令 set editing-mode vi 或 set editing-mode emacs 可以将键盘绑定设置为匹配 vi 或 Emacs 编辑器的使用模式。

全局 .gdbinit 文件还可以用来定义常用命令的别名。例如，以下脚本将定义一个新的命令 sf，用于显示当前栈帧。

```
define sf
  where
  info args
  info locals
end
document sf
Display current stack frame
end
```

GitHub 上 gdbinit 的 Gist 有很多可以参考的地方。

可以使用更复杂的脚本来排查棘手的问题，尤其是当我们不能或不想在程序的源代码中添加断言时（参见条目 43）。例如，考虑这样一种情况，对程序资源的访问受到一个锁定-解锁块的保护。在执行程序前运行代码清单 4.1 所示的 gdb 脚本，检查是否存在锁定-解锁操作不匹配的调用情况。

代码清单 4.1   验证锁定-解锁顺序的 gdb 脚本

```
# Define a counter variable to keep track of locks
set $nlock = 0

# Stop the execution with a backtrace on nested locks
break lock if $nlock > 0
commands
  silent
  echo Nested lock\n
  # Display the stack trace
  backtrace
```

```
  # Stop the program's execution
  break
end

# Stop the execution with a backtrace on duplicate unlocks
break unlock if $nlock <= 0
commands
  silent
  echo Duplicate unlock\n
  backtrace
  break
end

# When the lock routine is called, increase the counter
# Define a new breakpoint
break lock
# Commands to execute when the lock routine is called
commands
  silent
  # Increment counter variable
  set $nlock = $nlock + 1
  # Continue the program's execution
  continue
end

# When the unlock routine is called, decrease the counter
break unlock
commands
  silent
  set $nlock = $nlock - 1
  continue
end
```

　　脚本中定义了一个锁计数器变量$nlock。然后为两个函数分别设置了条件断点：检查 $nlock 变量，如果函数是以错误的顺序调用的，就中断执行并输出错误信息。同一函数上的另外两个断点用于维护$nlock 变量的值。请注意，条件断点必须在其他两个断点之前定义。

　　如果 gdb 的配置语言功能不足以满足我们的需要，新版本的 gdb 还提供了 compile 命令，允许以应用程序所用的编程语言来编译和运行代码。这类代码可以访问局部变量、全局变量及函数。当用已编译的元素来定义新命令时，可以实现近乎无限的可能性。但要注意：复杂的调试功能通常应该从属于程序的源代码，可以在源代码中进行适当的维护、共享和记录（参见条目 40）。除非有很强的理由使我们无法在源代码中做到这一点，否则，不要用 gdb 命令来实现所有的调试基础设施。

最后，如果在修改源代码时还想保留 gdb 会话中已经输入的有价值的命令，一种方法是在 gdb 内（或者在另一个窗口中）运行 make 命令。当再次运行程序时，gdb 发现程序的可执行镜像已经改变，就会自动重新加载。

要点　◆　使用带 GUI 的调试器。

　　　　◆　配置 gdb，使其能够保存历史记录，并使用自己习惯的键盘绑定。

　　　　◆　将常用命令放在 gdb 脚本中。

　　　　◆　在 gdb 中构建程序，以保留已经输入的命令。

条目 37：查看汇编代码和原始内存

有时会出现这样的情况，我们查看一行简单的代码，认为它应该以某种特定的方式运行，但实际却并非如此。要排查这类问题的原因，一种方法是查看这行代码在底层机器层面是如何执行的。在这个层面，我们看到的情况就是实际执行的情况：每条机器指令执行一个简单的操作，没有隐藏的抽象层会带来意想不到的陷阱。通过查看机器代码的执行，我们可以定位到很多问题，像意料之外的类型转换、被误解的操作符优先级规则、意外使用的重载操作符、缺失的大括号、类型不当的值（如应该使用 long 的地方使用了 int），以及意外使用的多态例程等。（通过单步执行代码可能会发现其中的一些问题，但是代码内联可能会妨碍我们这样做。）

理解机器指令并不像听起来那么困难。代码清单 4.2 所示是一个 C 语言程序，它被编译成两种未经优化的汇编语言格式，一种是使用了所谓的 AT&T 汇编器语法的 ARM 代码，这种语法在 UNIX 系统上很常见，如代码清单 4.3 所示，另一种是使用了 Intel 汇编器语法的 Intel x86 代码，这种语法在 Windows 系统上很常见，如代码清单 4.4 所示。大多数指令的名称都是不言自明的，比如 add、mov（move）、cmp（compare）和 call。和高级语言中有很多变量不同，在汇编代码中我们看到数量固定的少量寄存器，比如 Intel 处理器中的 eax 或 edx，ARM 处理器中的 r0 到 r15。在大多数情况下，其中一个寄存器（eax 或 r0）会被用于返回函数的值。中括号中的值用于访问这个值所标识的内存位置的内容。局部变量和例程的参数位于栈上，通过相对于一个叫作栈帧指针（frame pointer）的寄存器（ebp 或 fp）的内存偏移量来访问。栈通过 push 和 pop 等指令或修改栈帧指针的值来显式操作。循环通过从循环末尾跳转（jmp 或 b 指令用于分支操作）到其开头来实现。条件语句会比较

（cmp）两个值，然后根据比较结果执行条件跳转（例如，`jle` 或 `ble` 用在小于或等于时进行跳转或分支操作）。对于浮点运算，有一组单独的寄存器和对应的指令。

代码清单 4.2　用 C 语言实现的一个简单计数循环

```c
#include <stdio.h>
main()
{
    int i;
    for (i = 0; i < 10; i++)
        printf("%d\n", i);
    return 0;
}
```

代码清单 4.3　代码清单 4.2 所示程序被编译后的（AT&T 语法）ARM 汇编语言代码

```
        .section    .rodata         @ Data area
        .align    2                 @ Align on even memory address
.LC0:   .ascii    "%d\012\000"      @ Printf format string
        .text                       @ Code area
        .global main                @ Export main
main:                               @ Entry point of main
        stmfd sp!, {fp, lr}         @ Function entry boilerplate
        add     fp, sp, #4
        sub     sp, sp, #8
        mov     r3, #0              @ Set register r3 to zero
        str     r3, [fp, #-8]       @ Store register r3 into i
        b       .L2                 @ Branch to loop's end
.L3:                                @ Loop's top label
        ldr     r3, .L4             @ Get printf format address
        mov     r0, r3              @ Set format as first argument
        ldr     r1, [fp, #-8]       @ Set i as second argument
        bl      printf              @ Call printf
        ldr     r3, [fp, #-8]       @ Get i into register r3
        add     r3, r3, #1          @ Increment r3 by one
        str     r3, [fp, #-8]       @ Store register r3 into i
.L2:                                @ Loop's end label
        ldr     r3, [fp, #-8]       @ Get i into register r3
        cmp     r3, #9              @ Compare r3 with 9
        ble     .L3                 @ If less or equal then
                                    @ branch to loops top
        mov     r3, #0              @ Set r3 to zero
        mov     r0, r3              @ Zero r0 as main's return value
        sub     sp, fp, #4          @ Function exit boilerplate
        ldmfd sp!, {fp, pc}
.L4:    .word .LC0                  @ Address of printf format arg
```

代码清单 4.4   代码清单 4.2 所示程序被编译后的（Intel 语法）x86 汇编语言代码

```
_DATA   SEGMENT                         ; Data area
$SG2748 DB    '%d', 0aH, 00H            ; printf format string
_DATA   ENDS


PUBLIC  _main                           ; Export main
EXTRN   _printf:PROC                    ; Import printf


_TEXT   SEGMENT                         ; Code area
_i$ = -4                                ; Stack offset where i is stored
_main PROC
        push    ebp                     ; Function entry boilerplate
        mov ebp, esp
        push    ecx
        mov     DWORD PTR _i$[ebp], 0   ; i = 0
        jmp     SHORT $LN3@main         ; Jump to loop's end
$LN2@main:                              ; Loop's top label
        mov     eax, DWORD PTR _i$[ebp] ; Get i into register eax
        add     eax, 1                  ; Increment by one
        mov     DWORD PTR _i$[ebp], eax ; Store eax back to i
$LN3@main:                              ; Loop's end label
        cmp     DWORD PTR _i$[ebp], 10  ; Compare i to 10
        jge     SHORT $LN1@main         ; If greater or equal
                                        ; terminate loop
        mov     ecx, DWORD PTR _i$[ebp] ; Get i into register ecx
        push    ecx                     ; Push ecx as argument to printf
        push    OFFSET $SG2748          ; Push printf format string
                                        ; argument
        call    _printf                 ; Call printf
        add     esp, 8                  ; Free pushed printf arguments
        jmp     SHORT $LN2@main         ; Jump to loop's top
$LN1@main:                              ; Loop's exit label
        xor     eax, eax                ; Zero eax as main's return value
        mov     esp, ebp                ; Function exit boilerplate
        pop     ebp
        ret     0
_main   ENDP
_TEXT   ENDS
END
```

要在 Visual Studio 中查看并单步执行程序的机器代码，可以打开一个能够显示反汇编代码的窗口（使用菜单项 Debug—Windows—Disassembly 或按组合键 Alt-8），然后使用 step-into 和 step-over 来跟踪。如果需要查看寄存器的值，可以使用菜单项 Debug—Windows—

Registers 或按组合键 Alt-5。在 gdb 中，可以运行 display/i $pc 来显示每条反汇编指令，然后使用 stepi 和 nexti 命令。可以使用 info registers 来查看寄存器的值，也可以使用一条命令连续显示特定寄存器的值，如 display $r0 或 display $eax。如果使用的是 Eclipse，请考虑安装 bytecode 插件，它可以显示反汇编的 JVM 字节码。

要找出在 return 语句中计算的函数返回值，可以查看寄存器的值。只需要在函数即将返回给其调用者时，显示一下用于返回函数的值的寄存器。请注意，如果函数要返回的对象较大，寄存器无法容纳，这个对象通常会在栈上返回。

熟悉计算机的内部表示对于调试底层数据也很有帮助。当程序从磁盘或其他进程读取二进制数据时，我们可以检查一下相应的内存，看看读取到的到底是什么内容，这很容易做到。在 Visual Studio 中，可以创建一个内存窗口（使用菜单项 Debug—Windows—Memory 或按组合键 Alt-6）。在该窗口的地址字段中，输入要检查的缓冲区数组的名称，或者输入可以得到一个地址信息的表达式（例如，&structure_variable）。还可以右击内存区域，指定想要显示的内存单元的大小和类型（例如，带符号的 4 字节整型数）。在 Eclipse 中，可以通过菜单项 Window—Show View—Other—Debug—Memory 访问相应的工具（内存监视器），尽管它似乎不适用于 Java 程序。在 gdb 中可以使用 x/ 命令，后接要查看的元素数量、输出格式字符、元素大小和内存块的地址。例如，x/10xb &a 将以十六进制形式（x）显示 a 的内容，要显示的内容为 10 个字节（b）大小。

在检查内存表示时，请记住，整型数的字节可以以两种格式存储在内存中。所谓的小端格式将相对次要的字节存储在最前面，而重要的字节存储在最后面。这是 Intel 架构使用的格式，也是大多数 ARM CPU 配置的格式。在这种格式下，值为 0x76543210 的整型变量 a 将显示为：

```
0x10 0x32 0x54 0x76
```

大端格式，也称为网络格式，不过采用这种格式的 CPU 架构较少，典型的有 SPARC 和 PowerPC。但是，它是重要的互联网协议（如 TCP/IP）以及以二进制形式读写 Java 值所指定的格式。在这种格式下，同一个变量 a 的内容将显示为：

```
0x76 0x54 0x32 0x10
```

要点 ◆ 要真正理解代码是如何运行的，请查看反汇编的机器指令。

◆ 寄存器 eax 或 r0 可以告诉我们函数的返回值。

◆ 要真正理解数据是如何存储的，请查看其内部表示。

第 5 章　编程技巧

作为开发者，遇到的大多数故障都可能与软件的代码有关。找到相应故障的方法之一就是利用各种手段认真研究代码。

条目 38：审查并手动执行可疑代码

通常可以通过检查代码或手动执行相应的代码行来找出算法中的 bug。我们需要验证代码编写是否正确，以及自己对代码的理解是否正确。如果在检查代码时发现了错误，那就大功告成了。如果没有，可以使用调试器执行相同的代码（参见条目 29），看看自己的理解与计算机的"理解"在哪些地方存在分歧。

在首次阅读代码时，要仔细检查每一行代码，看看有没有常见的错误。如今，可以通过适当的编码规范来避免许多此类错误（例如，通过添加额外的括号来避免运算符优先级错误），或利用静态分析工具帮我们指出此类错误（参见条目 51）。尽管如此，有些错误还是可能被漏掉，尤其是在没有遵守必要编码规范的代码中。需要查找的常见错误包括：运算符优先级错误（尤其注意位运算符）、缺少大括号和 break 语句、多余的分号（紧跟在控制语句之后的）、使用了赋值而非比较运算符、未初始化或错误初始化的变量、循环中缺失的语句、差一（off-by-one）错误、类型转换错误、缺少方法、拼写错误，以及与特定编程语言有关的错误。

若要手动执行代码，请准备一张白纸，写下关键变量的名称，然后按照计算机上的执行顺序开始执行这些代码（见图 5.1）。每当变量的值发生改变时，就在纸上画掉旧值并写上新值。建议使用铅笔来写，这样在犯错的时候更容易改正。

拿上一个真实的计算器，可以帮助我们更快地推导出复杂表达式的值。如果要处理位运算，可以使用程序员专用的计算器。不要使用计算机，因为在电子表格中操作变量值、使用编辑器浏览代码或快速检查新邮件都会使我们难以集中精力，而这正是使用白纸的原因所在。

如果代码操作的是复杂的数据结构，那么就用线条、方框、圆圈和箭头画出它们。可以设计一套符号来绘制算法中最重要的部分。例如，要完全准确地实现算法往往是非常困难的，有时候会在处理区间上犯错，那么可以用一个以中括号结尾的线条表示封闭的一端（一般是区间的起点），用 个小括号来表示开放的一端（如果遵循了正确的规范，这应该是区间的终点）。可以发现，绘制感兴趣的部分程序调用图（即程序中的例程如何相互调用）非常有用。如果非常熟悉 UML，可以直接在图表中使用，但不必太过在意相关符号的准确性，我们需要在画图简单和容易理解之间求得平衡。

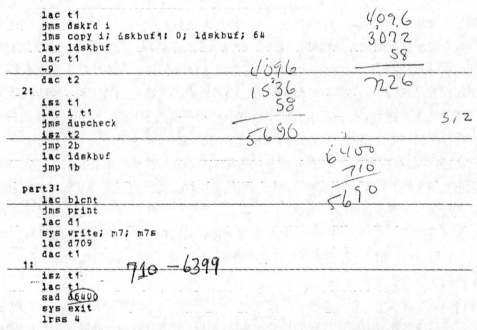

图 5.1　1970 年 PDP-7 的 UNIX 文件系统检查程序（fsck 的前身）代码清单旁的手绘计算结果

更大的纸张可能有助于为图表提供所需的空间。白板不仅可以提供更大的空间，还便于擦除部分内容并支持多人协作。此外，可以用上不同的颜色，从而更容易区分所画的元素。如果所画的图表非常重要，画完之后可以拍张照片，并将其附加到相应的 issue 上。

更好的方法是使用实物来操作，比如磁性白板贴、回形针、牙签、便签、棋子或乐高积木等。这样，可以利用三维视觉、触觉和本体感觉（即对身体部位位置的感知）等多种感官，更加投入地解决问题。我们可以运用这种方法模拟队列、分组、协议、评级，以及优先级等问题。但要注意不要本末倒置，沉迷于工具本身；这些工具只是用来辅助工作的。

要点　◆ 仔细查看代码，看看是否存在常见错误。

　　　　　◆ 通过手动执行代码来验证其正确性。

　　　　　◆ 通过绘制图表来梳理复杂的数据结构。

　　　　　◆ 对于极其复杂的问题，可以使用更大的纸张、白板，并用上不同的颜色。

　　　　　◆ 通过操作实物加深对问题的理解。

条目 39：与同事一起审查代码并推理问题

如果以使用频率来衡量，橡皮鸭技巧（rubber duck technique）可能是本书中最有效的技巧。其核心思想在于向他人解释你的代码是如何工作的。解释过程中你可能会突然意识到："原来问题在这里！"随后问题便迎刃而解了。出现这种情况时，不必担心，这并不是因为你的疏忽而没有发现错误。向同事解释代码的过程可以激活大脑的不同区域，帮助你发现问题所在。尽管如此，在大多数情况下，同事所起的作用可能微乎其微。这正是"橡皮鸭技巧"这一名称的由来：即使是向一只橡皮鸭解释这个问题也同样能奏效。

我们还可以邀请同事以更有意义的方式参与进来，就是让他们审查我们的代码。这是一项更为正式的工作，同事会仔细检查代码，指出其中存在的所有问题：从代码风格和注释，到 API 的使用，再到设计和逻辑错误。这项技术备受推崇，以至于有些公司将代码审查作为将代码集成到生产分支的先决条件。例如，像 Gerrit 这样的用于分享评论的工具，再就是 GitHub 的代码评论功能，都支持回复评论并保留记录，方便以后查看每条评论是如何被回复并解决的，因此非常有用。

在代码审查过程中，应该遵守一定的规矩。不要将评论（即使是尖锐的评论）视为对个人的冒犯，而应将其视为改进代码的机会。尽量处理所有审查评论。即使评论是错误的，它也在一定程度上表明代码不够清晰。此外，如果要求他人审查你的代码，你也应该主动提出审查他们的代码，并做到及时、专业和礼貌。因等待代码审查而卡住的代码、忽略了更大问题的琐碎评论以及不礼貌的行为都会削弱代码审查所带来的好处。

最后，可以通过角色扮演来解决算法中涉及多方的棘手问题。例如，如果正在调试一个通信协议，你可以扮演其中一方，并让同事扮演另一方，然后轮流尝试破坏协议（或使其正常工作）。在其他一些领域，如安全、人机交互和工作流等，这种方法也是有效的。比如在安全领域，参与者可以分别扮演 Bob 和 Alice[①]。使用这种方法时，传递编辑（edit）令牌之类的实物可能会有所帮助，但专门穿上精心设计的服装则大可不必。

> **要点**　◆　向橡皮鸭解释我们的代码。
>
> 　　　　◆　参与代码审查实践。
>
> 　　　　◆　通过角色扮演调试多方问题。

条目 40：添加调试功能

通过告知程序它正处于被调试状态，可以扭转局面，让它积极配合我们进行调试。要实现这一点，需要的是一个能够开启这种调试模式的机制，以及实现该模式的代码。借助下列方式中的一种，可以以编程方式让程序进入调试模式。

- 提供一个编译选项，比如在 C/C++ 代码中定义一个 DEBUG 常量。
- 提供一个命令行选项，比如 UNIX sshd SSH 守护进程和许多其他程序使用的 -d 开关。
- 提供一个发送到某个进程的信号（signal），就像旧版本的 BIND 域名服务器所做的那样。
- 支持某个特殊的命令（有时可能不会在文档中说明），比如某种特殊的组合键（在某些 Android 版本上，在软件的构建号上连续单击 7 次，可以启用 USB 调试模式）。

为了避免不小心将启用了调试模式的软件交付给用户，或者不小心在生产环境中启用了调试模式，最好在软件中明确注明调试模式可用或已经启用。一旦让程序进入调试模式，就可以以编程方式让它完成一些操作。

首先，可以让它**记录自己的操作**，这样当发生某些预期的事情时，我们就可以得到通知，在此之后我们可以检查各种事件的顺序（参见条目 56 和条目 41）。

对于交互式程序和图形程序，在调试模式下，我们可以让它在屏幕上**显示更多信息**或增强已有信息，这样做是很有帮助的。例如，Minecraft 就有一个调试模式（见图 5.2），它会在游戏画面上显示性能数据（如每秒帧数、内存使用量、CPU 负载）、玩家数据（如坐标、方向、光照）和运行环境信息（如 JVM、显示技术、CPU 类型）。它还有一个调试模式世界，可以平铺展示游戏中存在的数千种材质的所有状态。对于用于渲染的应用程序，可以显示构成每个物体切面的边缘或控制贝塞尔曲线的点。对于 Web 应用程序，当鼠标指针悬停在相

---

① 为了方便说明议题，密码学领域经常使用 Alice 和 Bob 来表示角色，类似"甲想发送消息给乙"。——译者注

应的屏幕元素上时，可以显示一些额外的数据，比如产品的数据库 ID。

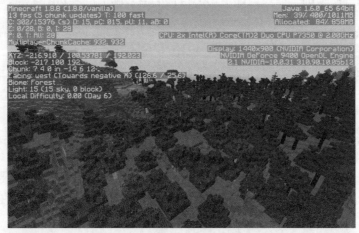

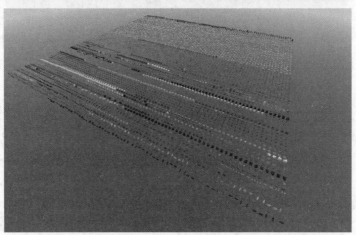

图 5.2　Minecraft 的调试模式（上图）和调试世界（下图）

　　我们还可以提供一些只能在调试模式下使用的**额外命令**。这些命令可以通过命令行界面、附加菜单或 URL 来使用。它们可以用来显示和修改复杂的数据结构（单靠调试器处理起来非常困难）、将数据转储到文件中以便进一步处理、将状态更改为有助于故障排除的状态，或执行本条目描述的其他任务。

　　还有一个非常有用的调试模式特性，就是支持**进入某种特定状态**。例如，假设要调试一个类似向导界面的第 7 步。如果调试模式能支持以某种方式快速跳过前面 6 步，以及贴心地为前面步骤提供一些合理的默认值，那么调试起来就会容易得多。类似的特性对于调试游戏也很有用，它们可以让我们直接跳到更高的等级，或者赋予我们在实际玩游戏时难以获得的额外能力。

调试模式还可以**增加程序的透明度，或简化程序的运行行为**，以便更容易帮助调试并定位故障。例如，启用调试模式后，原来在后台静默运行的程序（如 UNIX 中的守护进程，Windows 中的服务）可以转而在前台运行，并将其输出显示在屏幕上。一个典型的例子就是 UNIX 系统的 sshd 守护进程。如果一个程序会启动多个线程，那么可以让它以单线程模式运行，以简化与并发无关的问题的调试。我们还可以做出其他改变：用简单、直接的算法替代复杂的算法，去除无关操作以提高性能，使用同步 API 代替异步 API，使用嵌入式轻量级应用服务器或数据库代替外部的服务器或数据库等。

对于没有用户界面的软件，如运行在某些嵌入式设备或服务器上的软件，调试模式还可以**提供额外的界面**。比如添加一个命令行界面，可以让我们输入调试命令并查看其结果。在嵌入式设备中，可以让这个命令行界面在一个被设置为仅在调试模式下启用的串口连接上运行。一些数字电视就能以这种方式使用其 USB 接口。对于在网络环境中运行的应用程序，可以在其中包含一个小型嵌入式 HTTP 服务器，如 libmicrohttpd，既可以利用它来显示该应用程序的关键细节，又可以让它执行调试命令。

调试模式还可以帮助我们**模拟一些罕见的外部故障**。这些故障通常很难在真实环境中重现，为了定位问题，可能需要非常复杂的操作进行模拟。调试模式可以通过一些命令改变程序的状态，模拟其在故障条件下的行为。具体来说，可以包括这样的命令，比如模拟网络数据包的随机丢失、向磁盘写入数据失败、无线电信号衰减、实时时钟故障和智能卡读卡器配置错误等。

最后，调试模式提供了一种机制来**执行罕见的代码路径**。我们可以通过改变程序的配置使其执行这些罕见路径，而不是执行更优化的路径。例如，假设有一个用户输入内存缓冲区，一开始分配的空间是 1KB，每次该内存缓冲区填满时都会重新分配空间并增加一倍。在调试模式下，可以将这个缓冲区初始化为只有一字节。这保证了程序会频繁执行重新分配操作，就能更方便地观察并修复其逻辑中的错误。其他情况包括配置极小的哈希表（以测试溢出逻辑）以及非常小的缓存缓冲区（以测试选择和替换策略）等。

要点 ◆ 在程序中添加进入调试模式的选项。

◆ 添加操作程序状态、记录程序操作、降低程序运行复杂度、快速跳过用户界面导航的前序步骤，以及显示复杂数据结构的命令。

◆ 添加命令行界面、Web 界面和串行接口以调试嵌入式设备和服务器。

◆ 使用调试模式命令来模拟外部故障。

条目 41: 添加日志语句

利用日志语句, 我们可以跟踪和理解程序的执行 (参见条目 56)。日志语句通常会将消息发送到某个输出设备 (如程序的标准错误、控制台或打印机), 或者将消息存储到一个之后可以浏览和分析的地方 (如文件或数据库)。然后, 我们可以检查日志, 以找出正在调查的问题的根本原因。

有些人认为, 只有那些不知道如何使用调试器的人才会使用日志语句。这种情况或许存在, 但事实证明, 与调试器会话相比, 日志语句有很多优势, 因此这两种方法是可以互补的。首先, 我们可以轻松地将日志语句放在一个非常重要的位置, 并控制其准确输出所需的数据。相比之下, 调试器作为一种通用工具, 需要我们跟踪程序的控制流, 并手动拆解复杂的数据结构。

此外, 在调试会话中投入的工作只有暂时的好处。一方面, 即使我们将用于输出复杂数据结构的设置保存在一个调试器脚本文件中, 其他维护代码的人还是不容易看到或使用它。基本没有哪个项目会将调试器随源代码一起分发。另一方面, 由于日志记录语句是永久性的, 因此, 与短暂的调试会话相比, 我们可以投入更多工作, 以一种能增加我们对程序操作的理解并提高调试效率的方式格式化程序输出。

最后, 适当的日志语句 (使用日志框架而不是随机的 `println` 语句) 的输出便于过滤和查询。

大多数编程语言和框架都有几种日志库供选择。我们要找到并使用符合自己需求的库, 而不是重新发明 "轮子"。可以记录到日志中的内容包括关键例程的进入和退出、关键数据结构的内容、状态变化以及对用户交互的响应。为了避免大量记录日志对性能造成影响, 在正常生产环境下, 最好不要启用日志功能。大多数日志接口支持在源端 (我们正在调试的程序) 或目标端 (负责将消息写入日志的工具) 调整所记录消息的重要程度。显然, 在源端进行控制可以最大限度地降低记录日志对程序性能的影响, 在某些情况下甚至可以做到近乎无影响。如果应用程序中实现了调试模式, 我们可以仅在必要时增加日志的详细程度 (参见条目 40), 还可以配置多个日志级别或日志区域, 对想要看到的内容进行微调。许多日志框架都提供了配置工具, 从而免去了我们为应用程序创建一个配置工具的麻烦。

可以使用的日志工具包括 UNIX 的 `syslog` 库 (见代码清单 5.1)、Apple 提供的系统日志工具 ASL (见代码清单 5.2)、Windows 的 ReportEvent API (见代码清单 5.3)、Java 的

java.util.logging 包（见代码清单 5.4）和 Python 的 logging 模块（见代码清单 5.5）。其中一些工具的接口并不简单，因此要在自己的代码中使用这些工具时，可以以相应的代码清单作为参考。如果需要日志工具提供更多功能，或者所用的平台缺乏标准的日志工具，也有第三方日志工具可选。其中包括 Apache 的 Log4j（用于 Java）和 Boost.Log v2（用于 C++）。

代码清单 5.1　使用 UNIX 的 syslog 库记录日志

```
#include <syslog.h>

int
main()
{
    openlog("myapp", 0, LOG_USER);
    syslog(LOG_DEBUG, "Called main() in %s", __FILE__);
    closelog();
}
```

代码清单 5.2　使用 Apple 的系统日志工具 ASL 记录日志

```
#include <asl.h>

int
main()
{
    asl_object_t client_handle = asl_open("com.example.myapp",
        NULL, ASL_OPT_STDERR);
    asl_log(client_handle, NULL, ASL_LEVEL_DEBUG,
        "Called main() in %s", __FILE__);
    asl_close(client_handle);
}
```

代码清单 5.3　使用 Windows 的 ReportEvent API 记录日志

```
#include <windows.h>

int
main()
{
    LPTSTR  lpszStrings[] = {
    "Called main() in file ",
    __FILE__
    };
    HANDLE hEventSource = RegisterEventSource(NULL, "myservice");
```

```
    if (hEventSource == NULL)
        return (1);

    ReportEvent(hEventSource,        // handle of event source
        EVENTLOG_INFORMATION_TYPE,   // event type
        0,                           // event category
        0,                           // event ID
        NULL,                        // current user's SID
        2,                           // strings in lpszStrings
        0,                           // no bytes of raw data
        lpszStrings,                 // array of error strings
        NULL);                       // no raw data

    DeregisterEventSource(hEventSource);
    return (0);
}
```

代码清单 5.4   使用 Java 的 java.util.logging 包记录日志

```java
import java.io.IOException;
import java.util.logging.FileHandler;
import java.util.logging.Level;
import java.util.logging.Logger;


public class EventLog {
    public static void main(String[] args) {
        Logger logger = Logger.getGlobal();
        // Include detailed messages
        logger.setLevel(Level.FINEST);
        FileHandler fileHandler = null;
        try {
            fileHandler = new FileHandler("app.log");
        } catch (IOException e) {
            System.exit(1);
        }
        logger.addHandler(fileHandler);     // Send output to file
        logger.fine("Called main");
    }
}
```

代码清单 5.5   使用 Python 的 logging 模块记录日志

```python
import logging;

logger = logging.getLogger('myapp')
```

```
# Send log messages to myapp.log
fh = logging.FileHandler('myapp.log')
logger.addHandler(fh)

logger.setLevel(logging.DEBUG)
logger.debug('In main module')
```

此外，许多其他编程框架也提供了相应的日志机制。例如，如果想让日志支持 lumberjacks 协议，在 node.js 下可以选择 Bunyan 和 Winston 包。如果使用的是 UNIX shell 命令，那么可以通过调用 `logger` 命令将一条消息写入日志。在 UNIX 内核（包括设备驱动程序）中，习惯上使用 `printk` 函数来将消息写入日志。

如果代码运行在一个支持网络的嵌入式设备上，但这个设备没有空间充足可写文件系统，如高端电视或低端宽带路由器，那么可以考虑使用远程日志机制来存储日志。通过这项技术，可以对这个嵌入式设备的日志系统进行配置，使其将日志条目发送到负责存储日志的服务器。因此，以下 UNIX 的 syslogd 配置项将把与 `local1` 相关的所有日志记录发送到 `logmaster` 主机。

```
local1.* @@logmaster.example.com:514
```

最后，如果所使用的编程环境没有提供日志工具，就需要自己动手开发了。在最简单的形式下，可以只是一条输出语句。

```
printf("Entering function foo\n");
```

当我们（认为）输出类型的日志语句已经完成其使命，请不要轻易将其删除或注释掉。如果将其删除，我们为创建它所付出的努力就付之东流了。如果将其注释掉，它就不会再被维护了，随着代码的变化，它也会逐渐退化，最终变得毫无用处。相反，我们可以将输出语句放在条件语句中。

```
if (loggingEnabled)
  printf("Entering function foo\n");
```

除了输出语句之外，还有其他一些方法可以让应用程序将其动作写入日志。

- 在 GUI 应用程序中，使用弹出消息。
- 在 JavaScript 代码中，写入控制台并在浏览器的控制台窗口中查看结果。
- 在 Web 应用程序中，将日志输出作为 HTML 注释或可见文本，填充到生成页面的 HTML 中。
- 如果无法修改应用程序的源代码，可以尝试让程序打开一个文件，文件的名称就是我们想要记录的消息，然后使用 strace 跟踪应用程序的系统调用以查看文件的名称。

要点　◆　添加日志语句，以建立一个永久的、可维护的调试基础设施。

　　　◆　使用日志框架，而不是重新发明"轮子"。

　　　◆　通过日志框架配置日志的主题和详细信息。

条目 42：使用单元测试

如果正在调试的软件中的缺陷没有在单元测试中显示出来，那就说明缺乏恰当的测试，或者完全没有恰当的测试。为了隔离或定位这样的缺陷，应该考虑添加可以将其暴露出来的单元测试。

先从最基础的部分做起。如果软件没有使用单元测试框架，或者不是用直接支持单元测试的语言编写的，可以下载一个符合需求的单元测试包，并配置自己的软件来使用它。如果没有现有的测试，则需要调整构建配置，将测试库包含进来，并在应用程序的启动代码中添加必要的代码，使其能够运行测试。同时，配置基础设施，使其支持在提交和编译代码时自动运行测试。添加单元测试基础设施可以帮助项目改进文档、明确集体所有权、使代码易于重构并简化集成。

然后，找出可能与所看到的故障相关的例程，并编写能够验证其功能的单元测试。我们可以通过自上而下或自下而上的思路（参见条目 4）来确定要测试的例程。尝试在不查看例程实现的情况下编写单元测试，专注于其接口文档，如果缺少文档（这是非常常见的现象），则专注于调用这些例程的代码。如果例程的实现代码存在错误假设，那么仅参考它们来编写单元测试可能会将这些错误假设复制到测试代码中。因此，基于接口文档或调用代码来编写单元测试，可以减少这种可能性。可以通过将测试代码提交到软件的版本控制仓库中，确保其成为代码的永久部分。

如代码清单 5.6 所示的类，该类负责跟踪所处理文本的列位置，它会考虑字段分隔符（制表符）的标准行为。这个问题处理起来是出了名的难：在 20 世纪 80 年代，有些显示终端在这方面会存在 bug，屏幕输出库针对这类问题提供了变通解决方案。调用代码清单 5.7 所示的代码来运行代码清单 5.8 所示的 CppUnit 测试，可以测试该类的功能。

代码清单 5.6　跟踪文本列位置的 C++类

```
class ColumnTracker {
private:
    int column;
```

```
    static const int tab_length = 8;
public:
    ColumnTracker() : column(0) {}

    int position() const { return column; }

    void process(int c) {
        switch (c) {
        case '\n':
            column = 0;
            break;
        case '\t':
            column = (column / tab_length + 1) * tab_length;
            break;
        default:
            column++;
            break;
        }
    }
};
```

代码清单 5.7　运行 CppUnit 测试套件文本界面的代码

```
#include <cppunit/ui/text/TestRunner.h>
#include "ColumnTrackerTest.h"

int
main(int argc, char *argv[])
{
    CppUnit::TextUi::TestRunner runner;

    runner.addTest(ColumnTrackerTest::suite());
    runner.run();
    return 0;
}
```

代码清单 5.8　单元测试代码

```
#include <cppunit/extensions/HelperMacros.h>
#include "ColumnTracker.h"

class ColumnTrackerTest : public CppUnit::TestFixture {
    CPPUNIT_TEST_SUITE(ColumnTrackerTest);
    CPPUNIT_TEST(testCtor);
```

```
        CPPUNIT_TEST(testTab);
        CPPUNIT_TEST(testAfterNewline);
        CPPUNIT_TEST_SUITE_END();
    public:
        void testCtor() {
            ColumnTracker ct;
            CPPUNIT_ASSERT(ct.position() == 0);
        }

        void testTab() {
            ColumnTracker ct;
            // Test plain characters
            ct.process('x');
            CPPUNIT_ASSERT(ct.position() == 1);
            ct.process('x');
            CPPUNIT_ASSERT(ct.position() == 2);
            // Test tab
            ct.process('\t');
            CPPUNIT_ASSERT(ct.position() == 8);
            // Test character after tab
            ct.process('x');
            CPPUNIT_ASSERT(ct.position() == 9);
            // Edge case
            while (ct.position() != 15)
                ct.process('x');
            ct.process('\t');
            CPPUNIT_ASSERT(ct.position() == 16);
            // Edge case
            ct.process('\t');
            CPPUNIT_ASSERT(ct.position() == 24);
        }

        void testAfterNewline() {
            ColumnTracker ct;
            ct.process('x');
            ct.process('\n');
            CPPUNIT_ASSERT(ct.position() == 0);
        }
    };
```

运行该单元测试，应该能够暴露出有缺陷的例程。如果测试成功，则需要扩展其覆盖范围，或验证其正确性（这种情况相对较少）。如果有多个测试失败，应该重点关注位于依赖树底部的失败例程，即调用其他例程（客户端）最少的例程。修复有缺陷的例程后，再次运行测试，以确保现有的测试都能通过。

为现有代码添加单元测试通常并不容易，因为测试和代码通常是一起开发的，这样代码才能以可测试的形式编写。通常测试甚至要在被测试代码之前编写。为了对可疑例程进行单元测试，我们可能需要考虑重构代码：将大型元素拆分成更小的部分并尽可能降低例程之间的依赖关系，以简化在测试中对它们的调用（参见条目 48）。这方面的技术超出了本书的讨论范围。Michael Feathers 的著作 *Working Effectively with Legacy Code*[①]对这一主题进行了精彩的论述。

要点 ◆ 利用单元测试探查可疑例程，以定位缺陷。

◆ 选择一个单元测试框架，重构代码以支持相关测试，并自动化执行测试，以提高效率。

条目 43：使用断言

虽然单元测试（参见条目 42）是定位错误例程的重要工具，但它们并不能解决所有问题。首先，单元测试可以指出没有通过测试的例程，但无法帮助我们找到错误的确切位置。如果处理的是较小的例程，这不成问题；但有些复杂算法难以拆分成较小的自包含例程。其次，还有些错误是在将各个部分集成到一起之后才出现的。更高级别的测试应该能够发现这些错误，但同样地，也很少能精确指出其原因。

这时断言就派上用场了。断言是一种包含一个布尔表达式的语句，如果代码正确，该表达式的值应始终为 true。如果该表达式的值为 false，断言就会失败，它通常会终止程序的执行，并显示与故障相关的信息。调试器通常能够指引我们找到失败断言的位置。通过在代码的关键位置放置断言，可以在两个方面帮助我们缩小查找错误的范围。一方面，我们可以专注于断言失败的位置；另一方面，如果所添加的断言并未失败，我们就可以排除放置断言的那段代码的嫌疑。

大多数编程语言都支持断言，有些通过内置语句（如 Java 和 Python），有些则通过库（如 C 语言）。为了减少断言检查可能带来的性能开销，许多编程环境允许我们指定是否执行这项检查。可以在编译时指定（例如，在 C 语言和 C++ 中通过定义 NDEBUG 宏），也可以在运行时指定（例如，在 Java 中使用 enableassertions 和 -disableassertions 选项）。在开发过程中，通常会在启用断言检查的情况下运行代码。对于生产环境中的代码，启用断言检查既有利也有弊，需要根据具体情况进行权衡。

---

① 其中文版《修改代码的艺术》已由人民邮电出版社于 2007 年出版。——译者注

　　在调试算法代码时，经常需要考虑前置条件（算法运行所需要满足的属性）、不变式（算法在处理数据时会维护的属性）和后置条件（算法按照规格说明执行后必须满足的属性）（见条目 3）。通常，不变式仅在算法已处理的数据部分为真；在算法操作结束时，后置条件将覆盖与不变式相同的元素。

　　如代码清单 5.9 所示的这种编程风格，其目的是找到整型数组中的最大值，首先将该值设置为最小的整型数，然后逐步用在数组中找到的更大的值替换它，从而找到数组中的最大值。在程序开始处检查的前置条件包括数组非空，以及所选的最小值确实小于或等于数组中的所有值。如果输入数据类型发生更改而没有相应地调整常量，这可能会导致程序运行失败。构成算法主体的循环维护的不变式是，所选的最大值必须大于或等于所有已遍历的值。在循环的最后，检查过所有值之后，同样的不变式就构成了后置条件，即算法的规格说明。

代码清单 5.9　使用断言来检查前置条件、后置条件和不变式

```java
class Ranking {
    /** Return the maximum number in non-empty array v */
    public static int findMax(int[] v) {
        int max = Integer.MIN_VALUE;

        // Precondition: v[] is not empty
        assert v.length > 0 : "v[] is empty";

        // Precondition: max <= v[i] for every i
        for (int n : v)
            assert max <= n : "Found value < MIN_VALUE";

        // Obtain the actual maximum value
        for (int i = 0; i < v.length; i++) {
            if (v[i] > max)
                max = v[i];
            // Invariant: max >= v[j] for every j <= i
            for (int j = 0; j <= i; j++)
                assert max >= v[j] : "Found value > max";
        }

        // Postcondition: max >= v[i] for every i
        for (int n : v)
            assert max >= n : "Found value > max";
        return max;
    }
}
```

除了利用断言来排查（及记录）算法的操作之外，还可以以一种不那么正式的方式使用断言来精确定位各种问题。具体来说，可以将断言放在程序中的不同位置来实现不同的目的。

- 放在程序的开始位置，验证 CPU 的架构属性，比如所使用的整型的大小。
- 放在例程的入口点，验证传入的参数是否为预期类型（如果所用的编程语言不执行这类检查），并确保参数的值有效（例如，非空）且合理。
- 放在例程的出口点，验证其返回结果。
- 放在频繁调用的方法或复杂方法的开头和结尾，验证类的状态是否始终保持一致。
- 放在调用不应该失败的 API 例程之后，验证其确实成功。
- 放在加载了软件所需资源之后，验证其已被正确部署。
- 放在对复杂的表达式进行求值之后，验证结果具有预期的属性或合理的值。
- 放在 switch 语句的 default 分支中（以一个 false 表达式作为断言的值），以捕捉未处理的情况。
- 放在某个数据结构的初始化操作之后，验证该数据结构持有预期值。

一般说来，在调试过程中，添加断言有助于记录我们对代码的理解并验证我们的怀疑。

通常可以将大部分断言保留在代码中，作为操作情况的记录，并预防未来出现问题。然而，如果我们添加的用于调试代码的断言确实发现了可能会在生产环境中出现的问题，那么作为调试工作的一部分，必须将其替换为更健壮的错误处理代码。这包括验证来自用户或其他不可控来源的输入，以及那些即使在正常条件下执行也可能会失败的 API 调用。此外，当一个例程既可以通过断言也可以通过单元测试进行测试时，应该优先选择添加单元测试，因为它们可以自动执行，并且有助于提升代码的测试覆盖率。

要点 ◆ 使用断言来辅助单元测试，可以更精确地定位错误发生的位置。

◆ 在调试复杂算法时，可以利用断言验证算法的前置条件、不变式和后置条件。

◆ 通过添加断言来记录自己对所调试代码的理解，并验证自己的假设。

条目 44：通过扰动被调试程序来验证自己的假设

随意更改程序以观察其结果的行为，常被轻蔑地称为"黑客行为"。然而，经过深思熟虑的实验性修改可以帮助我们验证假设，增进我们对正在调试的系统及其底层平台的理解。面对质量欠佳的系统时，这些修改尤其重要，因为它们可以帮助我们填补代码文档或 API

文档中的空白。

在调试系统时，我们的脑海中可能会出现一些通过修改代码就能轻松得到解答的问题，例如，

- 我们能否将 null 作为参数传递给这个例程？
- 当这个变量的值超过 999ms 时，代码是否仍能正常运行？
- 如果在进入这个例程时发现有锁被别的线程持有了，是否会在日志中记录一条警告信息？
- 调用这些方法的顺序是否与问题相关？
- 是否有比当前使用的 API 更好的替代选项？

修改的效果通常可以通过观察程序行为、分析日志输出或在调试器中运行代码来验证。

一种实验方法是修改代码中嵌入的表达式和值，通常是用一个具体的值替换运行时的表达式。例如，可以向例程传递一个正确的常量值，或者让例程返回一个这样的值，以检验尝试修复的故障是否会消失。或者，也可以通过传递或返回一个不正确的值，来观察尝试隔离的问题是否会由此引起。抑或者，可以将参数设置为一个极端值，以便于观察微小或不常见的问题，如性能下降（参见条目 17）。

另一种实验方法是通过修改代码来测试其他实现方法的正确性。具体来说，可以用可能更正确的代码替换可能存在问题的代码，以观察是否能解决问题。例如，Microsoft Windows API 提供了 5 种以上的方法来获取屏幕上字符串的宽度，但并没有说明哪种方法更好。如果问题是文本错位，则可以将一个 API 调用（如 GetTextExtentPoint32）替换为另一个（如 GetTextExtentExPoint）并观察结果。

再者，如果怀疑调用某些例程的正确顺序，则可以尝试换一种顺序。在其他情况下，可以尝试很大程度的代码简化（参见条目 46）。

要点　◆ 通过手动设置代码中的值来识别什么样的值是正确的，什么样的值是不正确的。

　　　　◆ 如果缺少关于如何修正代码的文档说明，可以尝试用替换的实现方法进行实验。

条目 45：尽量缩小可以正常工作的示例和故障代码之间的差异

在某些情况下，除了正在调试的故障代码外，我们手头可能还有一个正常工作的相关功

能示例。这种情况通常发生在调试复杂的 API 调用或算法时。可以在 API 文档、问答网站（参见条目 2）、开源软件或教材中获得这样一个正常工作的示例。这个示例与故障代码之间的差异可以帮助我们定位错误。这里描述的方法基于源代码进行操作；然而，我们也可以观察两者在运行时行为上的差异（参见条目 5）。

在利用示例代码解决面临的问题之前，首先需要对其进行编译和测试，以确保其有效。如果示例代码不能正常运行，那么问题可能不在于我们的代码。可能是某些设置（如编译器、运行时环境、操作系统）导致了问题，也可能是我们对 API 或算法的理解存在偏差，还可能是我们发现了第三方代码中的 bug，不过最后这种情况的可能性较低。

拥有一个经过验证且能正常工作的示例后，我们有两种方法可以修复代码。这两种方法都涉及逐步减少正常工作示例与故障代码之间的差异。理论上，当正常工作的示例与我们的代码之间没有差异时，我们的代码就能够正常工作了。

第一种方法是在示例的基础上构建我们的代码。如果我们的代码非常简单，而且是自包含的，用这种方法效果较好。逐步将代码元素添加到示例中，并且每一步都要验证示例的功能。如果到了某一步，正在构建的代码停止工作了，那么在这一步中添加的代码就是故障的罪魁祸首。

第二种方法是修剪代码，直到它与示例相匹配。当代码包含许多依赖项，导致它难以独立运行时，用这种方法效果较好。用这种方法需要删除或调整代码中的内容，使其与示例匹配。每次更改后，都要检查代码是否会继续失败。当所执行的修改能使我们的代码正常工作时，需要修复的位置就明确了。

要点 ◆ 要找到导致故障的元素，可以逐步缩减失败代码，使其与一个可以正常工作的示例相匹配，或者让一个可以正常工作的示例与失败代码相匹配。

条目 46：简化可疑代码

复杂的代码通常很难调试。许多可能的执行路径和复杂的数据流会干扰我们的思路，增加定位缺陷的工作量。因此，简化故障代码往往很有帮助。简化可以是临时性的，以突出缺陷（参见条目 17），也可以是永久性的，以修复缺陷。在开始大幅简化之前，请确保有安全的恢复方法。所有将要修改的文件都应处于版本控制之下（参见条目 26），并且应有方法恢复到初始状态，最好的做法是在私有分支版本上进行修改。

临时修改通常会涉及对代码进行大幅**修剪**。我们的目标是在保留故障代码的同时，尽可能多地移除代码。这样就可以最大限度地减少可疑代码，并使故障识别变得更为容易。典型的处理周期是，移除大段代码，或移除对某个复杂函数的调用，然后编译并测试结果，如果故障仍然存在，则继续修剪；否则，减少进行的修剪。请注意，如果故障在某个修剪步骤中消失，我们就有充分的理由相信，刚刚修剪掉的代码与故障存在某种关联。这时可以结合另一种方法，即通过移除尽可能少的代码来使故障消失。

虽然可以使用版本控制系统来检查修剪步骤，但只使用编辑器通常会更快。将代码保留在打开的编辑器窗口中，并在每次修改后保存更改。如果修剪后故障仍然存在，就继续这个过程；否则，就在编辑器中撤销（undo）上一步骤，减少修剪掉的代码；并重复整个过程。我们可以通过二分搜索法系统地执行这一任务。

要避免注释掉整个代码块：这些块中嵌套的注释可能会导致问题。相反，在支持预处理器的语言中，可以使用预处理器条件。

```
#ifdef ndef
  // code you don't want to be executed
#endif
```

在其他语言中，可以将想要禁用的语句暂时放置在用 if(false) 条件语句控制的代码块中。

有时，与其删除代码，不如调整代码以简化其执行。例如，可以在 if 语句或循环条件的开头添加一个 false 值，以确保相关代码段不会被执行。

```
while (a() && b())
  someComplexCode();

if (b() && !c() && d() && !e())
  someOtherComplexCode();
```

将上面代码逐步以下面的形式重写：

```
while (false && a() && b())
  someComplexCode();

if (false && !c() && d() && !e())
  someOtherComplexCode();
```

在其他情况下，永久性地简化复杂语句有助于调试。例如，考虑以下语句。

```
d = s.client(q, r).booking(x).period(y, checkout(z)).duration();
```

这样的语句让人很容易联想到火车脱轨后的一节节车厢。这使得调试变得困难，因为不容易观察到每个方法的返回值。可以采取以下方法修复这个问题：添加委托方法（参见条目48），或者将该表达式分解为多个独立部分，并将每个结果赋值给一个临时变量。

```
Client c = s.client(q, r);
Booking b = c.booking(x);
CheckoutTime ct = checkout(z);
Period p = b.period(y, ct);
TimeDuration d = p.duration();
```

这样，就能更容易地通过调试器观察每次调用的结果，甚至可以添加相应的日志语句。此外，使用描述性的类型或变量名可以进一步提高代码的可读性。请注意，这类改动不太可能影响代码性能，因为现代编译器擅长优化并消除非必要的临时变量。

另一种值得推荐的简化方法是**将大型函数分解为多个较小的部分**。这么做给调试带来的主要好处在于，我们能够通过单独测试每个部分来定位错误（参见条目 42）。此外，这个过程还有助于我们更深入地理解代码，并消除各部分之间不必要的交互。这两个好处对引导我们找到问题的解决方案有积极意义。

最后，另一种更为彻底的永久简化方法是**舍弃复杂的算法、数据结构或程序逻辑**。这样做的理由是，对于我们尝试定位的错误而言，导致这一问题的复杂性实际上可能是不必要的。下面是一些典型情况。

- 处理速度的提高可能会使某些优化变得不再重要。例如，在主频为 3MHz 的 VAX 计算机上，用户能感知到算法对按键的响应速度是 500ms 还是 5ms 之间的差异。而在主频为 3.2GHz 的 Intel Core i5 CPU 上，相应的响应时间分别缩短至 500μs 和 5μs，这些差异对用户而言是难以察觉的。在这种情况下，对于处理固定大小的小型数据集，采用更简单的算法是合理的。

- 以前，为了将数据打包成二进制位会进行复杂的掩码操作，如今，有了更大的内存和磁盘容量以及网络吞吐量，已经没有必要那样处理了。我们可以直接使用语言提供的原生类型，如整型和布尔型。这一原则同样适用于其他复杂的数据压缩方案。

- 硬件技术的变革可能会使某些优化算法变得不再重要。例如，操作系统内核过去包含一个复杂的电梯算法来优化磁盘磁头的移动。但在现代磁盘上，由于无法预知特定数据块在磁盘盘片上的位置，这类算法便不再有效。此外，由于固态硬盘的寻道时间几乎为零，因此任何旨在最小化寻道时间的复杂算法或数据结构我们都可以放弃了。

- 自定义算法可能存在 bug，所用的编程框架的库中可能已经提供了相应的功能，或者可能已经有非常成熟的第三方组件了。例如，编写的在 $O(n)$ 时间内找到容器元素中位数的代码，可能包含许多微妙的 bug。如果是用 C++实现的，可以直接调用 std::nth_element，替换掉自定义代码，从而轻松解决这些 bug。举一个更宏观的例子，如果我们当前使用的是一款漏洞百出的专有数据存储和查询引擎，那么可以考虑将其替换为一款关系数据库。

- 为了提高性能而实现的复杂算法，可能从一开始就没有必要。通常，只有在性能剖析和其他测量显示确实需要优化特定的代码热点时，才应进行性能优化。程序员有时会忽略这一原则，从而无端地编写出复杂且过度工程化的代码。我们可以利用定位故障的机会，一并消除这类代码及可能出现的 bug。

- 与过去相比，现代的用户体验设计更倾向于采用简单的交互模式。以前，人们会设计非常复杂的对话框，提供大量可以调节的参数，伴随而来的就是满是 bug 的代码，而现在，我们可以将其替换为支持几个精心选择的选项和许多合理的默认值的更简单代码。

要点　◆ 有选择地大幅修剪代码，使错误更加突出。

◆ 将复杂的语句或函数拆分为多个较小的部分，以便单独监控或测试每个部分的功能。

◆ 考虑用更简单的算法替换那些复杂且存在 bug 的算法。

条目 47：考虑用另一种语言重写可疑代码

当试图修复的代码难以调试时，我们就需要采取一些新的措施。其中一个措施是用另一种语言重写有问题的代码。通过选择更好的编程环境规避这个 bug，或者借助更好的工具来理解问题，并创建一个可行的原型解决方案，进而找到并修复 bug。（关于这一原则在并发问题中的应用，请参见条目 66。）

所选的编程语言应该具有比当前使用的语言更强的表达能力。例如，使用支持函数式编程的语言（如 R、F#、Haskell、Scala 或 ML）来评估复杂交易策略的性能会更加容易。我们还可以通过特定语言的库来增强程序表达能力。在某些情况下，比如使用 R 进行统计计算，所获得的效果可能非常显著，以至于放弃使用这样功能强大的语言而选择其他替代方案是极不明智的。再比如，用 C 语言对动态分配的元素集合进行复杂的字符串处理，可以考虑用 C++或 Python 重写相关代码。对于有问题的代码，使用表达能力更强的语言进行重写，可以使实现更为简洁，从而降低出错的可能性。

所选编程语言的另一个可能有用的特性是便于观察代码的行为，或许可以支持逐步构建代码。在这方面，脚本语言及其支持的读取-求值-打印循环（read-eval-print loop，REPL）提供了显著优势。如果利用 UNIX 工具管道实现某个算法，我们就可以逐步构建这个处理管道，并在添加下一个阶段之前验证每个阶段的输出。此外，如果最初使用的开发系统没有提供像样的调试、日志记录或单元测试框架，那么采用一个更完善的实现环境，将有机会利用其强大的支持设施找到问题所在。这一点在调试缺乏强大开发工具支持的嵌入式系统中的代码时尤为有用。

当新编写的代码运行起来之后，有两种可选做法来修复原始问题。一种是采用新代码并弃用旧代码。如果原来使用的语言和新语言可以很好地绑定，这一点就可以轻松做到。例如，使用纯数据参数和简单的返回值从 C 语言中调用 C++通常是非常简单的。这种做法下，可以将新实现保留，将其作为一个独立的进程或微服务来调用。然而，这种做法仅在我们不太关注调用成本时才有意义。

另一种是以新代码为参考，纠正旧代码并修复 bug。这可以通过观察正常工作的代码与故障代码之间的行为差异（参见条目 5），或者通过逐步整合两个代码库直至 bug 显现（参见条目 45）来实现。在第一种情况下，需要比较两个实现之间的变量和例程返回值；在第二种情况下，需要通过迭代试错来确定正确的实现。

> **要点** ◆ 对于无法修复的代码，使用表达能力更强的语言进行重写，以尽量减少潜在的错误语句数量。
>
> ◆ 将存在 bug 的代码转移到更完善的编程环境中，以提升我们的调试能力。
>
> ◆ 一旦有了可替代的、能够正常工作的实现，可以选择采用新实现，或者以它为参考来修复原有代码。

条目 48：改进可疑代码的可读性和结构

杂乱无章、编写糟糕的代码是滋生 bug 的温床。我们可以通过清理代码来发现 bug，进而加以修复。但是，在开始代码清理工作之前，请确保你有足够的时间和权限。没有人会喜欢那种需要修改 4000 行代码的 bug 修复任务。至少，应该将界面修改、代码重构和实际的 bug 修复分开提交。在某些环境中，前两种修改可能需要与他人协作完成。

首先，从空格开始。在最基本的层面上，对于运算符和保留字前后的空格，我们应该确保代码始终遵循语言自身和开发团队的风格规则。这有助于我们发现语句和表达式中的细微错误。再稍高一级，注意缩进的使用。同样，应该始终一致地使用相同数量的空格（通常是2、4 或 8 个）。整齐的缩进可以让我们更容易理解代码的控制流。特别要注意那些跨越多行的单条语句；适当的缩进有助于验证复杂表达式和函数调用的正确性。在最高的层次上，可以根据自己的判断在适当的位置添加空格，以帮助理解代码。通过利用额外的空格对齐相似的表达式，可以使它们之间的差异更加明显。使用空行分隔逻辑代码块，可以让我们更容易理解代码的结构。总之，确保代码的视觉外观反映其功能，这样我们的眼睛就能捕捉到可疑的模式。如果代码的格式难以手动调整，可以考虑使用 IDE 或工具（如 clang-format 或 indent）来自动修复。

虽然代码的格式可以改善观感，但其作用有限。因此，在进行风格方面的修复之后，还要考虑是否有必要对代码进行重构，也就是在保持其功能的同时改进其结构。我们的目标是通过采用更有序的结构来解决问题——类似于重写（参见条目 47），或者使错误在更有序的代码中更加突出。以下是一些可能隐藏错误的常见问题（代码异味），以及为解决这些问题我们可以实施的重构。这些内容大多来自 Martin Fowler 的经典著作《重构：改善既有代码的设计》，更多细节可以参考这本书。

重复代码（duplicated code）可能导致 bug，尤其是在代码的改进和修复未能涵盖所有相关代码实例时。通过将重复的代码放入常用的例程、类或模板中，我们可以确保整个程序中使用的都是统一的正确代码。如果部分代码的更新导致了故障，那么在对删除的代码实例进行比较时，可以发现这些问题。

重复的代码也可能隐藏在 **switch** 语句中，这类语句通常会根据代表数据的类型的值改变代码的执行流程。在某些 switch 语句中，当添加新的情况时，我们很可能会忘记添加相应的 case 元素，而这样的遗漏很难被发现。作为一项简单的预防措施，我们可以添加一个 default 子句，当它被执行时，就在日志中记录一条内部错误。更好的做法是重构代码以消除 switch 语句。通常的做法是将与每个 case 相关的行为移动到相应的子类方法中，并用多态方法调用来取代 switch 语句。或者，也可以用状态对象来代替 switch 语句，并用状态对象的子类来表达这里的行为。

与此相关的一个代码异味是**霰弹式修改**（shotgun surgery），即一个单一的修改影响了许多方法和字段。我们追踪的 bug 可能源于某人遗漏的修改。通过将所有需要修改的字段和方法移动到同一个类中，可以确保这些变更彼此一致。这个类可以是一个现有的类、一个新创建的类，或者是一个将所需要的修改局部化的内部（嵌套）类。

同样面临修改不一致风险的还有**数据泥团**（data clump），这指的是经常一起出现的数据对象。将这些数据对象组合进一个类中，并使用该类的对象作为参数和返回值。这样修改，我们既可以避免每次都要写多个数据对象，也可以防止因遗漏其中一个而带来的风险。

当使用编程语言的**基本类型值**（如整型数或字符串）来表示更复杂的值（如货币、日期或邮政编码）时，我们可能不会注意到对这些值的错误操作。例如，如果货币值用整型数表示，代码就很容易将两个不同币种的货币值相加。可以引入表示此类对象的类，并用这些对象替换基本类型值。同样，使用容器（如链表或可调整大小的向量）来代替数组，有助于避免与数组大小管理相关的错误。进一步远离基本类型的做法是使用定制的类而非原始的浮点类型来表示物理量（时间、质量、力、能量、加速度）。通过使用适当的方法来组合这些单位（例如，$F = m \times a$），我们可以捕捉到因不当使用而产生的错误——就像是把苹果赋值给橘子一样。

相同的功能却有**不同的接口**（varying interface），如类支持的方法集、方法名称、参数的顺序和类型，会使代码的结构模糊不清，从而隐藏 bug。可以通过重命名来统一方法名称，通过重新排序来统一参数。还可以通过添加、删除和移动方法来统一它们所在的类。具有新的相似接口的类可能会启发我们进行进一步的重构，如提取超类。

过长的例程通常难以理解和调试（参见条目 46）。应将其分解为较小的部分，并将复杂的条件分解为例程调用。如果一个方法由于包含许多临时变量而难以拆分，可以考虑将其改写为方法对象，将这些变量转为对象的字段。

不同代码部分之间**不适当的亲密关系**（inappropriately intimate）之下可能会隐藏错误的交互，而这些交互会破坏不变式并扰乱程序状态。我们应该通过移动方法和字段来打破这些关系，并确保类之间的关联是单向的而非双向的。如果委托链过长，实际上提供给客户端的访问权限可能会超出必要的范围，这可能是错误产生的根源。可以通过引入委托方法来打破这些委托链。因此，通过引入 getOwnerName 委托方法，下面的表达式：

```
account.getOwner().getName()
```

可以简化为：

```
account.getOwnerName()
```

令人惊讶的是，当**注释**（comment）被用来掩盖难以理解或不理想的代码时，也能指出问题所在。通常，只需将被注释掉的代码块替换为一个方法，并让这个方法的名称能够反映原始代码的注释信息就足够了。由此产生的简短方法调用序列将使我们更容易发现代码逻辑中的错误。在其他情况下，断言（参见条目 43）能更有效地表达写在注释中的前置条件，因为不满足前置条件时断言将立即失败。

最后，删除**死代码**（dead code）和**臆测的通用性**（speculative generality）。删除未使用的代码和参数，折叠未使用的类层次结构，将只有一个地方调用的类直接内联，以及将名字既奇怪又抽象的方法重命名，以反映其实际用途。这些做法的目的都是消除 bug 的藏身之处。

要点　◆ 以一致的方式格式化代码，以便我们的眼睛能够捕捉到错误模式。

　　　◆ 重构代码，以暴露隐藏在编写不良或不必要的复杂代码结构中的 bug。

条目 49：从根源上解决问题，而不是解决表象

有一种解决问题的方法，即通过局部修复来掩盖问题，而这种方法的诱人程度甚至令人惊讶。以下展示了一些使用条件语句来"修复"问题的例子。

- 避免对空指针进行解引用操作。

```
if (p != null)
  p.aMethod();
```

- 避免除零错误。

```
if (nVehicleWheels == 0)
  return weight;
else
  return weight / nVehicleWheels;
```

- 将错误的数字强行纳入符合逻辑的区间之内。

```
a = surfaceArea()
 if (a < 0)
  a = 0;
```

- 修正被截断的别名。

```
if (surname.equals("Wolfeschlegelsteinha"))
  surname = "Wolfeschlegelsteinhausenbergerdorff";
```

前面提到的例子可能存在合理的解释。但是，如果仅通过引入条件语句来修补崩溃、异常或错误结果，而不探究其根本原因，那么这种特定的修复方法是不可接受的。

编写绕过 bug 的代码是不可取的，原因有多个。

- 通过绕过某个功能来"修复"bug，可能会引入新的、更微妙的 bug。
- 如果不解决根本原因，这个 bug 的其他不那么明显的症状可能会持续存在，也有可能将来该 bug 会改头换面再次出现。
- 这会使程序的代码变得不必要的复杂，难以理解和修改。
- 寻找根本原因将变得更加困难，因为这种"修复"掩盖了其表现形式，例如，崩溃本来可以引导我们找到根本原因（参见条目 55）。

修复 bug 的症状而非根源是一种短视的做法，它会给我们的程序带来技术债务。

一个与之相关但较轻的错误在于，在应该采用更为简单通用的解决方案时（参见条目 46），试图调试和修复特殊情况。例如，以下代码试图将角度归一化到 0 到 2π 的范围内，但未能正确处理小于−2π 或大于 4π 的角度。

```
if (angle < 0)
  angle += Math.PI;
else if (angle > 2 * Math.PI)
  angle -= Math.PI;
```

下面是一种修复方式：

```
while (angle < 0)
  angle += Math.PI;
while (angle > 2 * Math.PI)
  angle -= Math.PI;
```

这种方式极为复杂，且在计算非常大或非常小的值时可能既慢又不精确，其实只需使用以下表达式计算角度的模数。

```
angle = angle - 2 * Math.PI * Math.floor(angle / (2 * Math.PI));
```

要点 ◆ 不要编写绕过 bug 症状的代码，而应找到 bug 的根本原因并修复。

◆ 尽可能采用通用方法处理问题，避免仅为特例编写修复代码。

第 6 章　编译时技术

将源代码转换为由 CPU 或抽象虚拟机（如 JVM）执行的字节序列的过程，为观察程序中正在进行的事情和影响程序的结果提供了大量的机会。不管是观察还是施加影响，都可以帮助我们放大试图定位的故障，使之更容易被发现。

条目 50：检查生成的代码

代码在编译过程中往往要经过一系列转换，从一种形式转换到另一种形式，直到最终变成处理器指令。例如，C 语言或 C++文件可能首先经过预处理，然后被编译成汇编语言，再被汇编成目标文件；Java 程序会被编译成 JVM 指令；词法和语法解析器生成工具（如 lex、flex、yacc 和 bison）会将其输入编译成 C 语言或 C++代码。我们可以通过各种命令和选项进入这些转换过程来检查中间代码。这可以为我们提供宝贵的调试信息。

不妨以预处理后的 C 语言或 C++源代码为例。这样的代码是很容易获得的，在运行 C/C++编译器时，可以通过一个选项让它输出：在 UNIX 系统上使用-E，对于 Microsoft 的编译器则使用/E。在 UNIX 系统上，还可以直接调用 C 语言预处理器，如 cpp。如果生成的代码不是短短的几行，还可以考虑将编译器的输出重定向到一个文件中，然后就可以在编辑器中轻松查看了。下面是一个简单的示例，演示了如何通过查看预处理后的输出来定位错误。考虑以下 C 语言代码。

```
#define PI 3.141592653589793238462643383279795;
double toDegrees = 360 / 2 / PI;
double toRadians = 2 * PI / 360;
```

使用 Visual Studio 2015 编译器编译，会生成如下错误，可能非常晦涩难懂：

```
t.c(3) : error C2059: syntax error : '/'
```

如果为其生成预处理后的代码（如下所示）并查看，就会看到斜杠前面的分号，进而有望注意到宏定义末尾多余的分号。

```
#line 1 "t.c"

double toDegrees = 360 / 2 / 3.141592653589793238462643383279595;;
double toRadians = 2 * 3.141592653589793238462643383279595; / 360;
```

　　对于出现在第三方头文件中的复杂宏和定义，当对其进行展开时，容易出现一些错误，这类错误使用前面介绍的技巧来调试是非常有效的。不过，如果展开的代码非常长（通常都是如此），定位错误代码所在的行可能会很困难。一种定位的窍门是，找到导致编译失败的原始行，查找其附近出现的不是宏的标识符或字符串（例如前面示例中的 toRadians）。我们甚至可以在自己感兴趣的点附近添加一个虚拟声明作为标记。

　　另一种定位错误的方法是，移除#line 指令后，再编译预处理后的代码或以其他方式生成的代码。预处理后的文件中出现的#line 指令允许编译器的主体部分将正在读取的代码映射到原始文件中的行号。这样，编译器就能准确报告错误发生在原始文件（而不是预处理后的文件）中的哪一行。然而，如果就是想定位错误在预处理后的文件中的位置，以便对其进行检查，那么让错误消息指向原始文件就不符合要求。为了避免这个问题，在对代码进行预处理时，可以使用这样一个选项，指示编译器不要输出#line 指令：在 UNIX 系统上使用-P，在 Microsoft 的编译器中使用/EP。

　　在某些情况下，查看生成的机器指令也非常有用。这可以（再次）帮助我们摆脱因愚蠢的错误而造成的困境：通过查看机器指令，我们可能会意识到使用了错误的运算符，或者用错了算术类型，抑或者忘了添加大括号或 break 语句。通过机器代码，我们还可以调试底层的性能问题。要列出生成的汇编代码，如果使用的是 UNIX 编译器，可以使用-S 选项，如果使用的是 Microsoft 的编译器，则可以使用/Fa 选项。如果使用的是 GCC，并且更想看到 Intel 的汇编语法而不是 UNIX 的汇编语法（参见条目 37），还可以指定 GCC 的-masm=intel 选项。在编译成 JVM 字节码的语言中，可以对相应的类运行 javap 命令，并传递-c 选项。尽管汇编代码看起来晦涩难懂，但如果尝试将其指令映射到相应的源代码中，很容易就能大概理解，而这通常足够了。

　　举个例子，考虑下面这段（可能）看似无害的 Java 代码，它构造了一个很长的空字符串。

```
class LongString {
  public static void main(String[] args) {
    String s = "";
    for (int i = 0; i < 100000; i++)
      s += " ";
  }
}
```

在笔者的计算机上，程序的执行时间超过 9s。在编译后的类文件上运行 `javap -c LongString`，查看其中包含的 JVM 指令，输出结果如代码清单 6.1 所示。

代码清单 6.1 反汇编 Java 代码

```
class LongString {
 public static void main(java.lang.String[]);
  Code:
   0: ldc        #2 // String
   2: astore_1
   3: iconst_0
   4: istore_2
   5: iload_2
   6: ldc        #3 // int 100000
   8: if_icmpge 37
  11: new        #4 // class StringBuilder
  14: dup
  15: invokespecial #5 // Method StringBuilder."<init>":()V
  18: aload_1
// Method StringBuilder.append:(LString;)LStringBuilder;
  19: invokevirtual #6
  22: ldc        #7 // String
// Method StringBuilder.append:(LString;)LStringBuilder;
  24: invokevirtual #6
// Method StringBuilder.toString:()LString;
  27: invokevirtual #8
  30: astore_1
  31: iinc 2, 1
  34: goto 5
  37: return
 }
```

可以看出，在从编号 5 到编号 34 的字节码所构成的循环之内，编译器创建了一个新的 StringBuilder 对象（从编号 11 到编号 15），将 s 追加到该对象（从编号 18 到编号 19），将" "追加到该对象（从编号 22 到编号 24），将其转换为 String 类型（编号 27），并将结果存回 s（编号 30）。由此可见，在循环体中执行的代码实际上就是下面这条成本高昂的 Java 语句。

```
s = new StringBuilder().append(s).append(" ").toString();
```

将 StringBuilder 的构造及向 String 类型的转换移到循环外，代码的功能一样，但更为高效了，程序几乎瞬间就可以执行完毕。

```
StringBuilder sb = new StringBuilder();
for (int i = 0; i < 100000; i++)
    sb.append(" ");
s = sb.toString();
```

要点　◆ 通过检查自动生成的代码，可以理解相应源代码中的编译和运行时问题。

　　　　◆ 使用编译器选项或专用工具为自动生成的代码生成一种容易阅读的表示。

条目 51：使用静态程序分析工具

　　让工具帮你调试听起来好得令人难以置信，但实际上这是完全有可能的。各种所谓的静态分析工具可以在不运行代码的情况下（这就是"静态"一词的由来）扫描你的代码，并识别出明显的错误。其中一些工具可能已经是调试基础设施的一部分，因为现代编译器和解释器通常会执行基本的静态分析。独立的工具包括 GrammaTech 的 CodeSonar、Coverity Code Advisor、FindBugs、Polyspace Bug Finder 以及一些以"lint"结尾的程序。这些分析工具基于形式化方法（基于大量的数学算法）和启发式方法（一个听起来很重要的词，指有根据的猜测）。虽然在理想情况下，静态分析工具应该在软件开发过程中持续应用，以确保代码的健康度，但它们在调试过程中也可以用来定位容易被忽略的错误，如定位并发问题（参见条目 62），还可以定位内存损坏的源头。

　　一些静态分析工具可以检测数百种不同的错误。下面列出了这些工具可以发现的重要错误，以及一些简单示例。在实际应用中，与错误相关的代码通常会和其他语句纠缠在一起，或者分布在许多例程中。

- 空指针解引用。

```
Order o = null;
if (x)
  o = new Order();
o.methodCall(); // o might still be null
```

- 并发错误和竞争条件。

```
class SpinWait {
  private boolean ready;
  public void waitForReady() {
    /*
     * The Java compiler is allowed to hoist the field read
```

```
 * out of the loop, making this an infinite loop. Calls
 * to wait and notify should be used instead.
 */
 while (!ready)
  ;
 }
}
```

- 在不需要变量声明的语言中出现的拼写错误。

```
if (!colour)
 color = getColor(); // Tested colour, but set color
```

- 数组和内存缓冲区的索引错误。

```
int[] a = new int[10];
for (i = 0; i <= a.length; i++)
   a[i] = 1; // a[a.length] uses an out of bounds index
```

- 错误的条件语句、循环、case 语句以及永远不会执行的代码。

```
for (;;)
 n += processRequest();
return n; // This stament will not be executed
```

- 未处理的异常。

```
public void readData(java.io.InputStream is) {
  try {
    is.read();
  } catch (java.io.IOException ex) {
    // The exception is ignored
  }
}
```

- 未使用的变量和例程。
- 数学错误。

```
int d = 1;
int q = n / --d; // Division by zero
```

- 代码重复。
- 在类的实现中缺少样板代码，例如 C++中的三法则/零法则，Java 中的 equals/hashCode 不一致等。
- 资源泄漏。

```
void writeDone()
{
    FILE *f = fopen("myfile", "w");
    fprintf(f, "Done\n");
    return;
    // The opened file stream cannot be closed
}
```

● 安全漏洞。

```
/*
 * Input longer than the buffer size will overflow the
 * buffer allowing a stack smashing attack.
 */
gets(buff);
```

● 语言陷阱。

```
public static void main(String[] args) {
  // This compares objects rather than strings
  if (args[0] == "--help")
```

请记住，代码分析工具既可能漏掉人可以捕捉到的错误（称为假阴性），也可能对正确的代码发出警告（假阳性）。例如，GCC (4.8.3) 未能警告在以下函数结束时 r 可能未被初始化。

```
int
myFunction(int c)
{
    int r;

    if (c)
        r = 0;
    return r;
}
```

而 Visual Studio 2015 的 C 语言编译器会错误地警告在以下函数结束时 r 可能未被初始化。

```
int
myFunction(int c)
{
    int r, c2 = 0;

    if (c)
        r = 9;
```

```
    else
        c2 = 1;
    if (c2)
        r = 0;
    return r;
}
```

由于实际限制（状态空间指数级增长，随之而来的是内存增长问题）和理论约束（一些基础问题是不可判定的——可能没有算法能够始终正确地解决这些问题），任何工具都不可能是完美的。因此，尽管静态分析很有用，但有时我们还是需要判断一下这些工具提供的结果是否正确，并留意其遗漏的情况。

要获得静态分析的好处，首先要考虑的工具应该是手头使用的编译器或解释器。有些编译器或解释器会提供一些选项，这些选项可以使其更严格地检查代码，并在遇到可疑代码时发出警告。例如以下几条。

- GCC、GHC（Glasgow Haskell 编译器）和 clang（LLVM 编译器的 C 系语言前端）可以以 -Wall、-Wextra 和 -Wshadow 等选项为起点，还有很多其他可用的选项。
- Microsoft 的 C/C++ 编译器的选项是 /Wall 和 /W4。
- 在 JavaScript 代码中可以写 "use strict"; 语句（要用双引号）。
- 在 Perl 代码中可以写 use strict; 和 use warnings; 语句。

（Perl 和 JavaScript 可同时支持静态检查和动态检查。）

在编译器中，还要指定一个较高的优化级别：这将执行生成某些警告所需的分析类型。如果可以调整警告级别，请在不至于让自己被不可能修复的警告淹没的情况下选择最高级别。然后有条不紊地消除所有其他警告。这可能会修复我们正在寻找的故障，也可能让我们今后更容易发现其他故障。

在消除了所有警告信息之后，还可以进一步调整编译选项，将警告视为错误（对于 Microsoft 的编译器使用 /WX，对于 GCC 使用 -Werror）。这样可以防止我们错过冗长的编译输出中的警告信息，也能强迫所有的开发人员编写无警告的代码。

在确定拿到配置编译器的好处之后，就可以设置额外的分析工具了。这些工具可以检测到更多的 bug，但代价是更长的处理时间，而且往往会出现更多的误报。有些工具专注于特定类型的 bug，如安全漏洞或并发问题。我们应该选择那些更能满足自己特定需求的工具。我们也可以采用多种工具，因为不同的工具在能够检测到的 bug 方面往往可以互补。投入精力配置每种工具，通过关闭不适用于我们的编码风格的警告，尽量减少误报。

最后，让静态分析步骤成为系统构建的一部分，并将其纳入持续集成设置。构建配置将使开发人员能够非常方便地以统一方式使用静态分析工具检查其代码。持续集成过程中的检查将可能会漏掉的任何问题立即报告开发人员。这种设置确保代码始终远离静态分析工具报告的错误。毕竟这样的事情我们已经司空见惯了——也许是为了追踪一个难以发现的 bug，团队付出了九牛二虎之力来清理静态分析错误，然后又对这样的事情失去了兴趣，任由新的错误悄然而入。

要点 ◆ 与编译器警告相比，专用的静态程序分析工具可以识别出代码中更多的潜在 bug。

◆ 配置编译器以分析程序中的 bug。

◆ 在构建周期和持续集成周期中至少包含一个静态程序分析工具。

条目 52：通过配置保证构建和执行的确定性

下面的程序将输出与程序的栈、堆、代码和数据相关的内存地址。

```c
#include <stdio.h>
#include <stdlib.h>

int z;
int i = 1;
const int c = 1;

int
main(int argc, char *arg[])
{
    printf("stack:\t%p\n", (void *)&argc);
    printf("heap:\t%p\n", malloc(1));
    printf("code:\t%p\n", (void *)main);
    printf("data:\t%p (initialized)\n", (void *)&i);
    printf("data:\t%p (constants)\n", (void *)&c);
    printf("data:\t%p (zero)\n", (void *)&z);
    return 0;
}
```

在许多环境下，每次运行都会产生不同的结果。（笔者在 GNU/Linux 下使用 GCC，在 OS X 下使用 Clang，以及在 Windows 下使用 Visual C 时都遇到过这种情况。）

```
$ dbuild
stack: 003AFDF4
heap: 004C2200
code: 00CB1000
```

```
data: 00CBB000 (initialized)
data: 00CB8140 (constants)
data: 00CBCAC0 (zero)
$ dbuild
stack: 0028FC68
heap: 00302200
code: 01331000
data: 0133B000 (initialized)
data: 01338140 (constants)
data: 0133CAC0 (zero)
```

之所以会出现这种情况，是因为操作系统内核会将程序加载到内存的方式随机化，以阻止针对代码的恶意攻击。许多所谓的代码注入攻击都是通过让恶意代码溢出程序的缓冲区，然后诱使被攻击的程序执行这些代码。如果易受攻击的程序的元素始终位于相同的内存位置，这种伎俩就很容易得逞。作为对策，一些内核会随机化程序的内存布局，从而阻止试图使用硬编码的内存地址的恶意代码。

遗憾的是，这种地址空间布局随机化（Address Space Layout Randomization，ASLR）也会干扰调试。这次运行发生的故障，下次运行可能不会出现，辛辛苦苦记录下的指针值，重启程序之后就变了。基于地址的哈希表，每次运行会出现不同的填充方式。一些内存管理器的行为可能会在不同的运行之间存在差异。

因此，请确保程序在两次执行之间能保持稳定，尤其是在调试与内存相关的问题时。在GNU/Linux 上，可以通过如下方式运行程序来禁用 ASLR。

```
setarch $(uname -m) -R myprogram
```

在 Visual Studio 中，通过使用/DYNAMICBASE:NO 选项链接代码，或通过设置项目的 Configuration Properties—Linker—Advanced—Randomized Base Address 选项，可以禁用 ASLR。某些版本的 Windows 有一个可以全局禁用 ASLR 的注册表设置（HKLM/SYSTEM/CurrentControlSet/Control/SessionManager/MemoryManagement/MoveImages）。最后，在 OS X 上，可以通过编译器的-Wl 选项将-no_pie 选项传递给链接器。下面就是在编译时需要使用的命令。

```
-Wl,-no_pie -o myprogram myprogram.c
```

除了前面提到的问题，还有一些情况会导致同一个程序的两个构建版本存在差异，幸好一般不是很严重。下面是一些有代表性的情况。

- GCC 放到每个编译后的文件中的随机选择的、唯一的符号名。可以使用-frandom-seed 将这些符号名确定下来。

- 要编译的文件的顺序不同。如果要编译或链接的文件是通过 Makefile 通配符扩展导出的，则它们的顺序可能会因目录项的重新排序而有所不同。可以明确指定输入文件，或者对通配符扩展的结果进行排序。

- 嵌入在代码中、用来表示软件版本信息的时间戳，例如通过 __DATE__ 和 __TIME__ 宏插入的信息。建议改为使用版本控制系统的版本标识符（例如，Git 的 SHA 摘要）。即使之后需要时间戳信息，也可以通过版本控制系统推导出来（参见条目 26）。

- 从哈希和映射生成的列表。为应对算法复杂性攻击，有些编程语言实现会改变对象的哈希方式。这会改变遍历容器的结果。可以通过对列出的结果进行排序来解决这个问题。对于 Perl 和 Python，还可以设置 PERL_HASH_SEED 或 PYTHONHASHSEED 环境变量。

- 加密盐。加密程序通常会通过一个随机派生的值（即所谓的盐）来扰动所提供的密钥，以防止预建字典攻击。在测试和调试时可以禁止加盐，例如，openssl 程序提供了 -nosalt 选项。然而，不要在生产环境中使用这一个选项，因为它会使系统容易受到字典攻击。

构建镜像一致性的黄金标准是，在不同主机上编译相同的源代码，能够创建出比特位完全相同的软件发布包。这需要更多的工作，因为它还涉及到对文件路径、区域设置、归档元数据、环境变量和时区等方面的内容进行清理。

　　要点　◆　对构建过程和软件执行进行配置，以实现可重复运行。

条目 53: 对调试库和所执行的检查进行配置

　　许多编译和链接选项支持代码和库对其操作执行更严格的运行时检查。这些选项可以和对软件的调试模式进行配置（参见条目 40）的选项一起使用，建议在编译时同时启用。下面要介绍的选项主要适用于 C 语言、C++和 Objective-C，它们通常可以避免缓冲区边界检查带来的性能损失。在启用这些检查后，程序的运行速度可能会明显变慢。因此，在实时系统和性能至关重要的环境中，必须谨慎使用这些检查。下面将介绍一些常用的编译和链接配置方法，可以帮助定位与内存使用相关的 bug。

　　我们可以对使用了 C++标准模板库（STL）的软件启用一系列检查。在 GNU 实现中，编译代码时需要定义_GLIBCXX_DEBUG 宏，而在 Visual Studio 中，在调试模式下构建项目或者向编译器传递/MDd 选项，就可以启用检查。启用 STL 检查之后，构建的时候可以捕获这样一些问题，比如迭代器的递增超过了容器范围的末尾，要进行解引用的是某个已经销毁的容器的迭代器，或者违反了算法的前置条件。例如，下面的代码就会编译失败：

```
#include <vector>

int
main()
{
    std::vector<int> v;
    v[0] = 3;
}
```

使用 GCC 编译时，其错误消息是 "attempt to subscript container with out-of-bounds index 0, but container only holds 0 elements"；使用 Visual Studio 时，其错误消息是 "vector subscript out of range"。再看一个例子，下面的集合求交集操作要求区间是有序的，编译也会失败：

```
#include <vector>
#include <algorithm>
#include <iterator>

int
main()
{
    std::vector<int> s1 = {5, 3, 2};
    std::vector<int> s2 = {1, 3, 2};
    std::vector<int> result;

    std::set_intersection(s1.begin(), s1.end(),
                          s2.begin(), s2.end(),
                          std::back_inserter(result));
}
```

在 GCC 下会出现错误消息 "elements in iterator range [__first1,__last1) are not sorted"，在 Visual Studio 下会出现错误消息 "sequence not sorted"。此外，通过定义_GLIBCXX_ DEBUG_PEDANTIC，还可以收到关于使用了不能移植到其他 STL 实现的特性的消息。

GNU C 语言库允许检查内存泄漏。所谓内存泄漏，就是在程序的整个生命周期内没有释放的已分配内存。要做到这一点，需要在程序的开头调用 mtrace 函数，并将环境变量 MALLOC_TRACE 设置为用来保存跟踪输出信息的文件名字，然后运行该程序。考虑以下程序，该程序在退出时仍然有一个已分配的内存块。

```
#include <stdlib.h>
#include <mcheck.h>

int
main()
{
#ifndef NDEBUG
    mtrace();
#endif
    char *c = malloc(42);
    return 0;
}
```

对生成的跟踪文件运行 mtrace 命令，就能精确地识别出发生泄漏的内存块位置。

```
Memory not freed:
-----------------
   Address    Size   Caller
0x090e5378 0x2a at leak.c:10
```

C/C++代码中经常会出现各种各样的内存访问问题。AddressSanitizer (ASan) 是一种更通用（但开销更大）的检测工具。通过指定-fsanitize=address 选项，GNU 编译器和 LLVM Clang 都支持该系统。添加-g 和-fno-omit-frame-pointer 选项可以获得更清晰的结果。以下程序超出了数组的界限，因为它错误地使用了 sizeof 来获取数组的大小（而不是将其结果除以元素的大小）。

```
int
main()
{
    int i, a[5];

    for (i = 0; i < sizeof(a); i++)
        a[i] = i;
}
```

启用 AddressSanitizer 编译该程序会导致程序失败，并显示以下错误消息。

```
==59468==ERROR: AddressSanitizer: global-buffer-overflow on
address 0x000100615134 at pc 0x000100614eb0
WRITE of size 4 at 0x000100615134 thread T0
    #0 0x100614eaf in main oob.c:7
    #1 0x7fff926f15ac in start
    #2 0x0 (<unknown module>)

0x000100615134 is located 0 bytes to the right of global
```

```
variable 'a' defined in 'oob.c:4:16' (0x100615120) of
size 20
SUMMARY: AddressSanitizer: global-buffer-overflow oob.c:7 main
```

在错误信息中，我们看到的是机器代码地址。为了让错误报告显示源代码中的行号和符号名，而非机器代码地址，根据所使用的编译器，我们可能需要提供一些额外的信息。可以将环境变量 ASAN_SYMBOLIZER_PATH 设置为指向执行这类映射的程序（例如，/usr/bin/llvm-symbolizer-3.4），并将环境变量 ASAN_OPTIONS 设置为 symbolize=1。

许多系统都支持 AddressSanitizer，包括运行在 i386 和 x86_64 CPU 上的 GNU/Linux、OS X 和 FreeBSD，运行在 ARM 上的 Android，还有 iOS 模拟器。AddressSanitizer 会给代码带来非常显著的开销，大致会使运行程序所需的内存和处理量翻倍。另外，AddressSanitizer 几乎不会产生误报，因此在测试软件时使用它是查找并消除许多内存相关问题的一种没有麻烦的方法。

Visual Studio 中用于检测内存分配和访问错误的工具虽然不像 AddressSanitizer 那样高级，但在很多情况下还是能发挥作用的。要使用这些工具，需要使用/MDd 选项来链接 C 语言调试库，定义一个宏并调用特定的函数，如以下程序所示。

```c
// Define in order to get file and line number information
#define _CRTDBG_MAP_ALLOC

#include <stdlib.h>
#include <crtdbg.h>

int
main() {

    // Send output to stderr, rather than the VS debug window
    _CrtSetReportMode(_CRT_WARN, _CRTDBG_MODE_FILE);
    _CrtSetReportFile(_CRT_WARN, _CRTDBG_FILE_STDERR);

    // Detect memory leaks on exit
    _CrtSetDbgFlag(_CRTDBG_ALLOC_MEM_DF | _CRTDBG_LEAK_CHECK_DF);
    {
        char *c = malloc(42);
        c[42] = 'a';
    }
    // Check all blocks for memory buffer overflows
    _CrtCheckMemory( );

    return 0;
}
```

运行该程序，会生成如下错误报告，其中指出了堆损坏和内存泄漏问题。

```
HEAP CORRUPTION DETECTED: after Normal block (#106) at
0x00688EF0. CRT detected that the application wrote to
memory after end of heap buffer.

Memory allocated at memerror.c(19).
Normal located at 0x00688EF0 is 42 bytes long.

Memory allocated at memerror.c(19).
Detected memory leaks!
Dumping objects ->
memerror.c(19) : {106} normal block at 0x00688EF0,
42 bytes long.
```

请记住，所提供的工具只能识别刚好在已分配堆块的边界之外的写入操作。与 AddressSanitizer 不同的是，它们无法识别无效的读取操作，也无法识别对全局内存和栈内存的无效访问。

在 OS X 下使用和开发 Mac iOS 应用时，另一种选择是链接 Guard Malloc（libgmalloc）库。这样会将每个已分配的内存块放入一个单独的（非连续的）虚拟内存页中，从而可以检测到超出分配页面范围的内存访问。这种方法在分配内存时会给虚拟内存系统带来巨大压力，但无需额外的 CPU 资源来检查已分配内存的访问。它适用于 C 语言、C++和 Objective-C。要使用该库，需要将环境变量 DYLD_INSERT_LIBRARIES 设为/usr/lib/libgmalloc.dylib。还可以使用其他几个环境变量对其操作进行微调；详情请查阅 libgmalloc 手册。

举个例子，下面的程序尝试读取已分配内存块之外的数据，在编译链接 libgmalloc 库后，它会因为段错误（segmentation fault）而终止。

```
int
main() {
    int *a = new int [5];
    int t = a[10];
    return 0;
}
```

可以使用调试器轻松捕获这个错误，以确定与该错误相关的代码的确切位置。

最后，如果你的环境中没有本条目介绍的这些设施，可以考虑将软件使用的库替换为支持调试检查的库。dmalloc 就是这样一个值得注意的库，它可以直接将 C 语言内存分配函数替换为支持调试的版本。

要点 ◆ 找到并启用自己环境中的编译器和库提供的运行时调试支持。

◆ 如果没有可用的支持，可以考虑使用提供此支持的第三方库配置自己的软件。

第 7 章　运行时技术

程序真相最终来源于其执行。一切都会在程序运行的时候显现出来，无论是程序本身的正确性，还是 CPU 和内存的使用情况，甚至是程序与可能存在 bug 的库、操作系统及硬件的交互。然而，这种真相来源通常也是稍纵即逝的，以每秒数十亿条指令的速度一闪而过。更糟糕的是，捕捉这些瞬间的真相可能非常困难、复杂，甚至风险重重。通过测试、应用程序日志和监控工具，我们可以窥见程序的运行时行为，进而定位那些令人头疼的 bug。

条目 54：通过构建测试用例来找到错误

通常可以通过编写适当的测试来准确定位甚至修正某个 bug。有人将这种方法称为DDT，即缺陷驱动测试（Defect-Driven Testing）。下面通过一个可运行的示例，介绍采用这种方法时需要遵循的 3 个步骤。这个示例基于 qmcalc 程序中实际出现过的一个 bug。qmcalc程序能够计算 C 语言文件的多种质量指标，并将每个文件的相应值以制表符分隔的列表形式显示，通常输出包含 110 个字段。问题在于，在极少数情况下，输出字段的数量可能少于预期。

第一步创建一个可以**可靠重现**所要解决问题的测试用例。这意味着需要明确描述所要遵循的过程和所需材料（通常是数据）。例如，一个测试用例可能涉及加载文件 foo（这是材料），然后按 x 键、y 键和 z 键会导致应用程序崩溃（这是过程）。另一个测试用例可以是这样的：在桌面上将 Acme 的负载均衡器（这是材料）置于应用程序前面，导致用户初次身份验证失败（这是过程）。

在上述用例中，以下命令将应用于所有 Linux 下的 C 语言文件，使用 qmcalc 程序，并生成字段数量的摘要。

```
# Find all C files
find linux-4.4 -name \*.c |
```

```
# Apply qmcalc on each file
xargs qmcalc |
# Display the number of fields
awk '{print NF}' |
# Order by number of fields
sort |
# Display number of occurrences
uniq -c
```

测试结果显示，程序在某些情况下未能生成 110 个字段。

```
    8 100
   19 105
21772 110
   12 80
  472 90
```

第二步是将测试用例**简化**到最简单的形式（参见条目 10）。有两种简化方法：一种是从零开始构建简化的测试用例，另一种是裁剪现有的大型测试用例。但不管采用哪种方法，二者都有一个关键的地方，前者在于 bug 首次出现的时候，后者在于 bug 首次消失的时候。测试用例中的数据通常会引导我们定位问题，甚至发现解决方案。在许多情况下，可以使用这两种方法：首先尽可能地去除多余的部分，一旦我们认为已经了解了问题的所在，就可以从头开始构建一个新的最小化测试用例了。

还是同一个测试用例，下面的 shell 命令将显示第一个出现问题的文件。

```
# Find C files
find linux-4.4/ -name \*.c |
# For each file
while read f ; do
  # If the number of fields is not 110
  if [ $(qmcalc $f | awk '{print $NF}') != 110 ] ; then
    echo $f # Output the file name
    break # Stop processing
  fi
done
```

运行前文的管道，其结果是一个文件的名字：linux-4.4/drivers/mmc/host/sdhci-pci-o2micro.c。正是这个文件使得 qmcalc 输出的字段数量少于 110 个。

是不是这个文件的部分内容也会触发同样的问题呢？我们可以通过逐渐减少该文件中参与 qmcalc 检测的行数来进行测试，观察输出的字段数量的变化。

```
$ cp linux-4.4/drivers/mmc/host/sdhci-pci-o2micro.c test.c
$ ./qmcalc test.c | awk '{print NF}'
```

```
87
$ head -100 test.c | ./qmcalc | awk '{print NF}'
87
$ head -10 test.c | ./qmcalc | awk '{print NF}'
63
$ head -1 test.c | ./qmcalc | awk '{print NF}'
63
```

通过将 qmcalc 应用于空文件/dev/null 来构建一个人为的测试用例，可以进一步简化测试用例。

```
$ ./qmcalc /dev/null | awk '{print NF}'
59
```

以清晰地显示出制表符的形式来查看程序的输出。该输出暗示了问题可能的原因：空字段组。

```
$ ./qmcalc /dev/null | sed -n l
0\t0\t\t\t\t0\t0\t\t\t\t0\t0\t0\t0\t0\t0\t0\t0\t0\t0\t0\t0\t\t\
\t0\t\t\t\t0\t\t\t\t0\t\t\t\t0\t\t\t\t0\t0\t0\t0\t0\t0\t0\t0\
\t0\t0\t0\t0\t0\t0\t0\t0\t0\t0\t0\t0\t0\t0\t0\t0\t0\t0\t0\
0\t0\t0\t0\t0\t0\t0\t0\t0\t0\t0$
```

检查代码可以揭示问题所在：在输出空字段组的描述性统计信息时，遗漏了字段分隔符（也就是制表符）。

```cpp
template <typename T>
std::ostream&
operator <<(std::ostream& o, const Descriptive<T> &d) {
    if (d.get_count() != 0)
        o << d.get_count() << '\t' << d.get_min() << '\t' <<
            d.get_mean() << '\t' << d.get_max() << '\t' <<
            d.get_standard_deviation();
    else
        o << "0\t\t\t\t";
    return o;
}
```

第三步是巩固成果。问题隔离后，应趁机在代码中添加相应的单元测试（参见条目 42）或回归测试。如果故障与已隔离的代码中的错误有关，可以添加相应的单元测试。如果故障是由多个因素共同作用的结果，则更适合采用回归测试。回归测试应将测试用例打包成一种可以随软件测试自动执行的形式。当错误仍存在于代码中时，可以运行该软件的测试来验证其是否会失败，从而正确地捕捉问题。如果测试通过，则能很好地证明我们已经修复了代码。此外，测试的存在还能防止这一错误后续再次发生。

以下是笔者在 `qmcalc` 示例中添加的 CppUnit 单元测试。

```
void testOutputEmpty() {
    std::stringstream str;
    Descriptive<int> a;
    str << a;
    CPPUNIT_ASSERT(str.str() == "0\t\t\t\t");
}
```

不出所料，在修复代码之前运行程序的单元测试会导致失败。

```
$ make test
./UnitTests
...........................................................
............F.................................
!!!FAILURES!!!
Test Results:
Run: 110 Failures: 1 Errors: 0

1) test: DescriptiveTest::testOutputEmpty (F) line: 103
DescriptiveTest.h assertion failed
- Expression: str.str() == "0\t\t\t\t"
```

通过添加缺失的字段分隔符将代码修复之后，测试通过。

```
$ make test
...........................................................
...........................................
OK (110 tests)
```

正如 Andrew Hunt 和 David Thomas 所言："在所有测试通过之前，编写代码的工作就不算完成。"[①]

在代码中为已解决的问题添加测试，虽然听起来可能显得过于刻板，但实际上并非如此。首先，我们可能会忽略对某些特定情况的修复；而添加的测试可以帮助我们在代码运行时发现这些问题。其次，如果修订合并冲突未得到妥善处理，可能会重新引入相同的错误。此外，团队中的其他成员将来也可能会犯类似的错误。最后，该测试还可能捕捉到相关错误。我们几乎没有理由在测试环节上敷衍了事。

在使用测试发现 bug 时，了解代码中哪些部分已接受测试、哪些部分未被测试是必要的，因为 bug 可能潜藏在未充分测试的区域。可以使用测试覆盖率分析工具来确认这些信息。例如，gcov（用于 C 语言和 C++；参见条目 57）、JCov、JaCoCo 和 Clover（用于 Java）、

[①] 这句话出自 Andrew Hunt 和 David Thomas 合著的 *The Pragmatic Programmer: From Journeyman to Master*，其中文译本为《程序员修炼之道：从小工到专家》。——译者注

NCover 和 OpenCover（.NET），以及 coverage（用于 Python）和 `blanket.js`（用于 JavaScript）等软件包。

> **要点** ◆ 创建可靠的最小化测试用例的过程可以引导我们定位错误并找到解决方案。
>
> ◆ 将测试用例作为单元测试或回归测试嵌入软件中。

条目 55：快速失败

快速高效地重现问题可以提高调试效率（参见条目 10 和条目 11）。因此，我们应该通过配置让软件在出现问题的第一时间时就执行失败。这样的失败会使定位相应的错误更为容易，因为插入的引发失败的代码会在触发故障的代码之后相对较快地执行，甚至可能就位于其附近。相比之下，如果软件在出现轻微故障之后继续运行，则可能会导致代码的操作进入未知状态，而在这样的状态下，一连串其他问题交织在一起，会使定位 bug 变得更加困难。

快速失败存在一定风险，就是有可能让我们将注意力集中在错误的问题上。然而，一旦解决了这个问题并重启调试，我们就永久排除了一个可疑因素。通过逐步排除法，调试工作也在持续取得进展。再次强调，千里之堤，溃于蚁穴，千万不要放任轻微问题存在下去。

以下是一些让程序快速失败的做法。

- 添加并启用断言，以验证例程的输入参数是否合法及 API 调用是否成功（参见条目 43）。在 Java 中，可以使用-ea 选项在运行时启用断言。在 C 语言和 C++中，通常在编译时启用断言——不定义 NDEBUG 宏标识符。（该标识符通常在生产构建中定义。）

- 对库进行配置，使其严格检查它们的使用情况（参见条目 53）。

- 使用动态程序分析方法检查程序的操作（参见条目 59）。

- 设置 UNIX shell 的-e 选项，以便在任何命令以非零退出状态码（表示错误）退出时，脚本能够立即终止运行。

需要注意的是，虽然快速失败是调试独立程序的有效方法，但它不适用已从开发转向维护阶段的大型生产系统。对于这样的系统，应该优先考虑的可能是其韧性（resilience）：在许多情况下，允许系统在出现轻微故障后（例如，加载图标图像时出现问题，或众多服务器进程中的一个崩溃）继续运行，可能比让整个系统崩溃更为可取。这种宽容的操作模式可以通过其他措施来平衡，比如广泛的监控（参见条目 27）和详尽的日志记录（参见条目 56 和条目 41）。

要点　◆　在调试时，可以设置一种被动触发机制，以便程序在出现问题的第一时
　　　　　间执行失败。

条目 56：检查应用程序的日志文件

许多执行复杂处理、在后台执行或无法访问控制台的程序，会将其操作记录到一个文件
中，或记录到一个专门收集日志的设施中。程序的日志输出允许我们实时跟踪其执行过程，
或根据自己的方便分析其事件序列。如果程序出现故障，我们可能会在日志中找到指示故障
原因的错误消息或警告消息（例如，"无法连接到 example.com: 连接被拒绝"），或指向软件
错误或配置错误的数据。因此，要养成从检查软件的日志文件开始分析故障的习惯。

日志文件的存放位置和存储方法因操作系统和软件平台而异。在 UNIX 系统上，日志通
常存储在/var/log 目录的文本文件中。应用程序可以在该目录下创建自己的日志文件，也
可以使用与它们所记录的事件类别相关联的现有文件。下面是一些具体的例子。

- 授权相关的：auth.log。
- 后台进程相关的：daemon.log。
- 内核相关的：kern.log。
- 调试信息：debug。
- 其他消息：messages。

在一个使用不是特别频繁的系统上，或许可以通过以下方式找到正在调试的应用程序所
对应的日志文件——在应用程序创建了日志项之后立即运行以下命令。

```
ls -tl /var/log | head
```

日志文件的名称应该会出现在最近修改过的文件列表的最上面。如果这个文件位于
/var/log 的一个子目录中，我们可以按如下方式查找。

```
# List all files under /var/log
find /var/log -type f |
# List each file's last modification time and name
xargs stat -c '%y %n' |
# Order by time
sort -r |
# List by the ten most recently modified files
head
```

如果这些方法行不通，还可以查阅应用程序的文档，对应用程序的执行进行跟踪（参见条目 58），甚至是查看其源代码，以找到日志文件的文件名。

在 Windows 系统上，应用程序的日志是以一种不透明的格式存储的。我们可以运行 Eventvwr.msc 启动事件查看器（Event Viewer）GUI 应用程序，该程序支持浏览和筛选日志，还可以使用 Windows PowerShell 的 GetEventLog 命令，或使用相应的.NET API。同样，日志会被分到不同的类别之中；我们可以通过事件查看器左侧的树状结构进行浏览。在 OS X 上，日志查看器应用程序叫 Console。Windows 和 OS X 上的日志查看应用程序都支持筛选日志、创建自定义视图或搜索特定条目。我们还可以使用 UNIX 命令行工具（参见条目 22）来执行类似的处理。

许多应用程序可以通过命令行选项、配置选项，甚至在运行时发送适当的信号来调整它们记录的信息量（所谓的日志详细级别）。此外，日志记录框架还提供了额外的机制来扩展或限制日志消息。当调试完问题后，不要忘记将日志记录重置为原来的级别；大量日志记录会影响性能并消耗过多的存储空间或带宽。

在 UNIX 系统上，应用程序会给每条日志消息加上有关设施（facility）和级别（level）的标签[①]。有关设施包括 authorization（授权）、kernel（内核）、mail（邮件）和 user（用户）等；级别包括 emergency（紧急）、alert（警告）、informational（信息）和 debug（调试）等。syslogd（或 rsyslogd）是用于监听日志消息并将其记录到文件中的后台程序，我们可以配置该程序，告诉它如何处理特定消息。相关的配置文件是 /etc/syslog.conf（或/etc/rsyslog.conf 和/etc/rsyslog.d 目录）。在该配置文件中，我们可以指定对于符合特定条件（与给定设施相关的，超过某个级别的消息，如所有高于 informational 级别但不包括 debug 级别的消息）的日志消息，应该如何处理（比如记录到文件中、发送到控制台或忽略）。例如，以下配置文件的作用是，指定了与 security 设施相关的所有消息，与 authorization 设施相关的 informational 级别以上的消息，所有 debug 级别的消息。还指定了将 emergency 级别的消息发送给所有登录用户。

```
security.*    /var/log/security
auth.info     /var/log/auth.log
*.=debug      /var/log/debug.log
*.emerg       *
```

对于 JVM 代码，流行的 Apache log4j 日志框架支持更加详细地指定要写入日志的内容

---

① 在类 UNIX 系统中，日志消息通常使用 facility 和 level 来指示日志的来源和重要性。这有助于系统管理员和应用开发人员更轻松地过滤和理解日志信息。——译者注

和要存储的位置。其结构是基于 logger（输出通道）、appender（将日志消息发送到接收方的机制，这里的接收方可以是文件或网络的套接字等形式）和 layout（用于指定每条日志消息的格式）来组织的。log4j 通过一个文件进行配置，该文件可以采用 XML、JSON、YAML 或 Java 属性格式。下面是 Rundeck 工作流和配置管理系统使用的 log4j 配置文件的一小部分内容。

```
# This logger covers all of Grails' internals
# Enable to see whats going on underneath.
log4j.logger.org.codehaus.groovy.grails=warn,\
 stdout,server-logger
log4j.additivity.org.codehaus.groovy.grails=false


# server-logger - DailyRollingFileAppender
# Captures all output from the rundeckd server.
log4j.appender.server-logger=org.apache.log4j.\
 DailyRollingFileAppender
log4j.appender.server-logger.file=/var/log/rundeck/rundeck.log
log4j.appender.server-logger.datePattern='.'yyyy-MM-dd
log4j.appender.server-logger.append=true
log4j.appender.server-logger.layout=org.apache.log4j.\
 PatternLayout
log4j.appender.server-logger.layout.\
 ConversionPattern=%d{ISO8601}[%t] %-5p %c - %m%n
```

通过调整要写入日志的消息级别，通常可以获得调试问题所需的数据。下面是一个与调试失败的 SSH 连接相关的示例。sshd 的配置文件位于/etc/ssh/sshd_config。在这个文件中，有一行被注释掉的内容指定了默认的日志级别（INFO）。

```
#LogLevel INFO
```

在这个日志级别下，当连接失败时，唯一被记录的是类似于以下内容的消息。

```
Jul 30 12:49:49 prod sshd[5369]: Connection closed by
10.212.204.48 [preauth]
```

将日志级别提升到 DEBUG。

```
LogLevel DEBUG
```

这样会生成很多信息更丰富的消息，其中一条消息明确指出了问题的原因。

```
Jul 30 12:57:07 prod sshd[5713]: debug1: Could not open
authorized keys '/home/jhd/.ssh/authorized_keys': No such
file or directory
```

有几种方法可以分析日志记录从而查找故障原因。

- 可以使用系统的 GUI 事件查看器及其搜索和过滤功能。
- 可以在编辑器中打开并处理日志文件（参见条目 24）。
- 可以使用 UNIX 工具过滤、汇总和选择字段（参见条目 22）。
- 可以交互式地监控日志（参见条目 23）。
- 可以使用日志管理应用程序或服务，如 ELK、Logstash、loggly 或 Splunk。
- 在 Windows 下，可以使用 Windows 事件命令行实用程序（Events Command Line Utility）wevtutil 来执行查询操作并导出日志。

我们通常会从故障发生时间附近的日志项开始检查。或者，也可以在事件日志中搜索与故障相关的字符串，例如执行失败的命令名称。不管是哪种情况，我们都要及时回溯日志，寻找错误、警告及不符合预期的日志项。

对于表现不太明显的故障，通常的做法是从日志文件中反复删除没有问题的日志项，直到包含重要信息的日志项凸显出来。可以在编辑器中执行此操作：在 Emacs 下使用 delete-matching-lines *regular-expression*；在 vim 下使用 :g/regular-expression/d；在 Eclipse 和 Visual Studio 中使用匹配整行并以 \n 结尾的正则表达式进行查找与替换。在 UNIX 命令行中，我们可以通过连续的 grep -v 命令以管道形式处理日志文件。

> **要点**　◆ 从检查日志文件入手调查故障应用程序。
> ◆ 增加应用程序的日志详细程度以记录其失败原因。
> ◆ 配置并过滤日志文件，以缩小问题范围。

条目 57：剖析系统和进程的运行情况

在调试性能问题时，首先（通常也是唯一）需要做的就是对系统运行情况进行剖析。具体涉及对系统的**资源利用率**进行分析，从而指出问题所在或需要优化的部分。首先，需要获得一个高层次的概览。例如，UNIX 系统上的 top 命令和 Windows 系统上的任务管理器（见图 7.1）都是进程查看工具，它们也提供 CPU 和内存的利用率信息。在系统运行异常时，高 CPU 利用率（如单核 CPU 的利用率达到 90%）通常意味着需要集中分析程序的处理逻辑，而低利用率（如单核 CPU 的利用率为 10%）则表明可能存在由 I/O 操作导致的延迟。请注意，多核计算机通常会报告所有 CPU 核心的负载情况，因此如果你处理的是单线程进程，请将上面给出的阈值除以可用的 CPU 核心数。例如，在图 7.1 所示的两个系统中，每个系统都有 8 个核心，因此在一个原本空闲的系统中，如果一个进程占用了其中一个核心的 100%，会使系统负载显示为 12%（≈100%/8）。

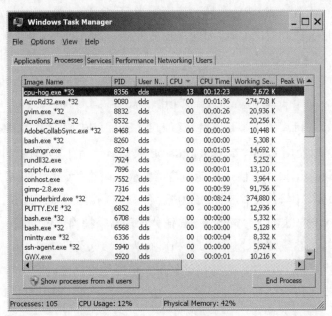

图 7.1　通过 `top` 命令（上图）和 Windows 任务管理器（下图）获取的运行进程列表

还需关注系统物理内存的使用情况。如果内存使用率过高（即接近 100%），可能会出现因内存分配失败而导致的错误，或因虚拟内存分页而导致的系统性能下降。在查看可用内存时，请注意 Linux 系统倾向于使用几乎所有可用内存作为缓冲区缓存。因此，在 Linux 系统上，计算可用内存时应包括被列为缓冲区的内存。

对于设计成在接近其最大容量（capacity）状态下运行的系统，仅关注利用率（接近 100%）是不够的，更重要的是关注**饱和度**（saturation）。该指标用于衡量资源需求是否超出了其服务能力。我们仍需使用前面介绍的工具，但应更关注显示资源饱和度的关键指标。

- 对于 CPU，在 UNIX 系统上，可以查看负载是否超过 CPU 核心数；在 Windows 系统上，查看 Performance Monitor（性能监视器）—System—Processor Queue Length。
- 对于内存，查看虚拟内存页面被写入磁盘的速度。
- 对于网络 I/O，查看丢包和重传的情况。
- 对于存储 I/O，查看请求队列长度和操作延迟。

对于所有这些指标，如果饱和度持续高于 100%（无论是连续性的还是间歇性的），通常表明存在问题。

在对影响系统性能的因素有了初步了解后，我们应深入分析那些占用大量 CPU 周期、导致过多 I/O、I/O 延迟过高或占用大量内存的进程。

- 如果问题在于过高的 CPU 负载，应查看当前运行的进程。通过按 CPU 利用率对进程进行排序，找到占用 CPU 时间最多的进程。图 7.1 中名为 `cpu-hog` 的进程就是这样的一个例子。
- 如果问题在于过高的内存使用率，应根据工作集（或驻留集）内存的大小对进程进行排序。这使用的是物理内存（而非虚拟内存）。
- 如果问题在于过高的 I/O 负载或 I/O 延迟，可以使用专用工具进行分析，比如：在 UNIX 上可以使用 iostat、netstat、nfsstat 或 vmstat 等工具，在 Windows 上可以通过运行 `perfmon` 命令来使用性能监视器。应同时查看磁盘和网络的数据量及相应的 I/O 操作次数，因为它们均可能成为瓶颈。一旦隔离出导致问题的负载类型，就可以使用 UNIX 的 pidstat 或 Windows 的任务管理器来精确定位问题进程。之后，可以跟踪单个进程的系统调用，进一步分析其行为（参见条目 58）。

对于 CPU 利用率或内存使用率过高的情况，应继续对已被确定为罪魁祸首的进程行为进行剖析。监控程序行为的技术多种多样。如果关注 CPU 利用率，可以在统计剖析器（statistical profiler）下运行程序，这类分析器每秒会多次中断程序的运行，并记录程序的大部分时间花在了什么地方。或者，我们也可以让编译器或运行时系统在每个（非内联）函数的开头和结尾添加计时代码，进而可以以图形化的方式对程序的执行情况进行剖析。这样我们可以将每个函数的活动归因于其父函数，并因此解决与复杂调用路径相关的性能问题。在 GCC 中，可以使用-pg 选项生成剖析信息，用于查看这些信息的工具是 gprof。在不太常见的情况下，甚至可以让编译器在代码的每个基本块中插入计数器，以追踪每行代码的执行次

数。可以实现这一功能的 GCC 选项是-fprofile-arcs 和-ftest-coverage，并使用
gcov 工具对代码进行注解（annotate）。除了 GCC，我们还有许多其他选择，例如 Java 程序
可以使用 Eclipse 和 NetBeans 的剖析器插件，以及 VisualVM、JProfiler、Java Mission Control
（见图 7.2）等独立的工具；对于.NET 程序，则有 CLR 剖析器。内存使用率监控器通常会修
改运行时系统的内存分配器，以跟踪程序的内存分配情况。在 UNIX 系统下，可以使用
Valgrind 进行监控；同样，VisualVM 和 Java Mission Control 也适用于这一目的。我们也可以
利用 AOP（Aspect-Oriented Programming，面向方面的程序设计）工具和框架，如 AspectJ
和 Spring AOP，来自定义监控功能。在更底层，我们可以使用如 perf、oprofile 或 perfmon2
等工具来监控 CPU 的性能计数器，以便发现缓存未命中、分支预测未命中或指令获取停顿
（详细示例参见条目 65）等情况。

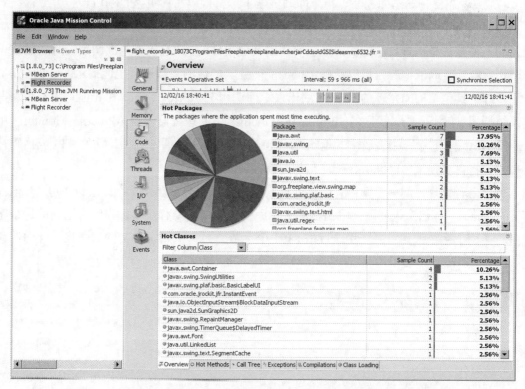

图 7.2　Java Mission Control 中的概览视图，列出了应用程序中热点的包和类

要点　◆　通过查看 CPU、I/O 和内存的利用率以及饱和度来分析性能问题。

　　　　◆　通过剖析进程的 CPU 和内存使用情况，缩小性能相关问题的代码排查范围。

条目 58：跟踪代码的执行

利用监控和跟踪工具及设施，可以从任何程序的执行中获取类似日志的数据。与应用程序级别的日志记录相比，这种方法具有许多优势。

- 即使正在调试的应用程序未提供日志记录功能，我们仍能获取数据。
- 无须准备软件的调试版本（参见条目 40），因为调试版本可能会混淆或掩盖原始问题。
- 与基于 GUI 的调试器相比，它量级更轻，因此适用于最基本的生产环境。

在尝试定位 bug 时，常用的方法是在程序的关键位置插入日志语句（参见条目 56 和条目 41），或者在支持动态插入断点指令的调试器下运行代码（参见条目 30）。

然而，当前的性能问题和许多 bug 涉及第三方库的使用或与操作系统的交互。解决这些问题的一种方法是检查自己的代码是如何调用其他组件的。通过检查每次调用的时间戳或识别调用次数异常高的情况，可以精确定位性能问题。函数的参数通常也能揭示 bug 的线索。调用跟踪工具包括 UNIX 下的 ltrace（用于跟踪库调用）、strace、ktrace 和 truss（用于跟踪操作系统调用），用于 Java 程序的 JProfile 和 Windows 下的进程监视器（Process Monitor，用于跟踪 DLL 调用，涵盖操作系统和第三方库接口）。这些工具通常利用特殊的 API 或代码补丁技术，将自己挂接（hook）在程序与其外部接口之间。

例如笔者处理过的一个案例，程序处理其输入的速度异常缓慢（参见条目 10）。对该程序运行 strace，输出结果如下。输出显示 I/O 库的缓冲区并没有使用，程序为用到的每个字符进行了两个系统调用：一个用于读取 8191 个字节，另一个用于将文件的查找指针向后移动 8190 个字节。

```
read(6, "ng or publicity pertaining\nto di"..., 8191) = 8191
_llseek(6, -8190, [536], SEEK_CUR) = 0
read(6, "g or publicity pertaining\nto dis"..., 8191) = 8191
_llseek(6, -8190, [537], SEEK_CUR) = 0
read(6, " or publicity pertaining\nto dist"..., 8191) = 8191
_llseek(6, -8190, [538], SEEK_CUR) = 0
read(6, "or publicity pertaining\nto distr"..., 8191) = 8191
_llseek(6, -8190, [539], SEEK_CUR) = 0
read(6, "r publicity pertaining\nto distri"..., 8191) = 8191
_llseek(6, -8190, [540], SEEK_CUR) = 0
```

有了这些信息，我们可以轻松检查程序的输入处理代码，并推测问题可能与 tellg 方法的调用有关。下面的小型测试程序（参见条目 11）也表现出相同的异常行为。

```
ifstream in(fname.c_str(), ios::binary);

do {
  (void)in.tellg();
} while ((val = in.get()) != EOF);
```

有了简洁可靠的问题重现方法，我们便能轻松编写一个拦截类（shim class），该类可以独立计算并缓存文件偏移量，避免了对 `tellg` 方法的调用。

通过 UNIX 工具处理 strace 的输出，可以显著提升我们的调试能力。考虑这样一种情形：程序因配置项错误而执行失败。但是，手动逐个检查程序的数十个配置文件来寻找问题字符串是不可行的。我们可以利用以下 Bash 命令来显示程序 prog 打开的文件中哪些包含特定字符串（比如说 `xyzzy`）。

```
# Send the output of strace to a command
strace -fo >(
  # Isolate and output the path of each opened file
  sed -n 's/.*open("\(\/[^"]*\)".*= [^-].*/\1/p' |
  # Remove special device files
  egrep -v '^/(proc|dev|tmp)/' |
  # Output each file path only once
  sort -u |
  # Search for occurrences of xyzzy within each file
  xargs fgrep xyzzy) prog
```

其工作原理是将 strace 的输出通过管道传递，使用 sed 隔离出要传递给 open 系统调用的文件名，使用 egrep -v 移除与设备相关的文件名，使用 sort -u 去除重复的文件名，并使用 fgrep 在这些文件中搜索字符串 `xyzzy`。

查看 Java 程序或 X 窗口系统（X Window System）程序的系统调用可能会令人抓狂，因为它们会产生大量的与运行时框架相关的调用。这些调用可能会掩盖程序实际执行的操作。幸运的是，我们可以使用 strace -e 选项来过滤这些系统调用。以下是相应的命令示例。

```
# Trace a Java program
strace -e 'trace=!clock_gettime,gettimeofday,futex,\
timerfd_settime,epoll_wait,epoll_ctl'

# Trace a UNIX X Window System program
strace -e 'trace=!poll,recvfrom,writev,read,write'
```

注意，也可以将跟踪工具附加到正在运行的程序上进行跟踪。命令行工具提供了 -p 选项来指定进程，而 GUI 工具允许用户通过单击选择要跟踪的进程。

除了跟踪系统调用和库调用，大多数解释型语言都提供了跟踪程序执行的选项。以下是在一些流行的脚本语言中跟踪代码的方法。

- Perl: `perl -d:Trace`。
- Python: `python -m trace --trace`。
- Ruby: `ruby -r tracer`。
- UNIX shell: `sh -x`、`bash -x` 和 `csh -x` 等。

除了前述工具，监控程序操作的其他方法还包括 JavaScript 后端跟踪工具 `spy-js`、网络数据包监控（参见条目 16）以及通过数据库服务器将应用程序的 SQL 语句写入日志中。例如，在 MySQL 中，可以通过以下 SQL 语句启用日志记录功能。

```
set global log_output = 'FILE';
set global general_log_file='/tmp/mysql.log';
set global general_log = 1;
```

前面提到的大多是一些比较老的工具，一旦确定了问题的大致原因，它们能为解决问题提供极大帮助。然而，这些工具也存在诸多不足：通常需要执行特殊操作来监控代码，可能会影响系统性能，界面各异且不兼容，每个工具仅能展示部分情况，有时甚至会忽略重要细节。

DTrace 动态跟踪框架可以弥补这些不足，它最初由 Sun 公司开发，提供了统一的机制，支持全面且非侵入式地监控操作系统、应用服务器、运行时环境、库及应用程序。目前，DTrace 可在 Solaris、OS X、FreeBSD 和 NetBSD 上使用。在 Linux 上，可通过 SystemTap 和 LTTng 获得类似功能。

DTrace 曾获《华尔街日报》技术创新奖金奖，所以毫不奇怪，它并非仓促开发出来的小玩意儿。在它的背后，Sun 公司的 3 位工程师投入数年时间，开发了一种机制，能安全地对几乎所有操作系统内核函数、任何动态链接库、任何应用程序函数或特定的 CPU 指令以及 Java 虚拟机进行插桩（instrument）。他们还开发了一种安全的解释型语言，允许我们编写复杂的跟踪脚本而不破坏操作系统功能，并能以可扩展的方式聚合负责总结跟踪数据的不同函数，同时控制内存开销。DTrace 是现有的大多数跟踪工具所采用的技术和技巧的集大成者，为程序跟踪提供了一个全面的平台。

通常，用 `dtrace` 命令行工具来使用 DTrace 框架。`dtrace` 支持一种名为 D 语言（与另一种同名的通用编程语言无关）的领域特定语言，建议用这种语言编写脚本提供给 DTrace 使用。当我们使用自己的脚本运行 `dtrace` 时，它会安装指定的跟踪信息，然后执行程序并输出结果。D 语言程序可以非常简单：它们由类似于 awk、sed 等工具及许多声明性语言中的模式/动作对组成。模式——在 DTrace 的术语中称为谓词（predicate），指定了一个探针，即要监控的事件。DTrace 自带数万个预定义的探针（以笔者尝试过的两个系统为例，在 Solaris 的早期版本上有 49979 个，在 OS X El Capitan 上有 177398 个）。此外，系统程序如应用服务器和运行时环境可以定义自己的探针，我们也可以在程序或动态链接库中的任意位置设置探针。例如，以下命令将在所有操作系统调用的入口点安装一个探针：

```
dtrace -n 'syscall:::entry'
```

其默认动作是输出所执行的每个系统调用的名称和调用进程的进程 ID。可以使用布尔运算符将谓词和其他变量组合在一起，以指定更复杂的跟踪条件。

在上述调用中，名称 syscall 指定了一个提供者（provider），即提供探针的模块。不难推断，syscall 提供者提供的是用于跟踪操作系统调用的探针，例如在笔者的系统上，有 500 个这样的系统调用。名称 syscall::open:entry 指定了其中一个探针，即 open 系统调用的入口点。DTrace 包含数十个提供者，它们可以访问统计剖析、所有内核函数、锁、系统调用、设备驱动程序、输入输出事件、进程的创建和终止、网络栈管理信息库（MIBs）、调度程序、虚拟内存操作、用户程序函数和任意代码位置、同步原语、内核统计信息，以及 Java 虚拟机操作。以下是查找可用的提供者和探针的命令示例。

```
# List all available probes
dtrace -l
# List system call probes
dtrace -l -P syscall
# List the arguments to the read system call probe
dtrace -lv -f syscall::read
```

可以配合每个谓词定义一个动作。该动作定义了当谓词的条件满足时，DTrace 将执行的操作。例如，以下命令将列出所有已打开文件的名称。

```
dtrace -n 'syscall::open:entry {trace(copyinstr(arg0));}'
```

动作可以非常复杂，包括设置全局变量或线程局部变量，将数据存储在关联数组中，并使用 count、min、max、avg 和 quantize 等函数来聚合数据。例如，以下脚本将统计 dtrace 调用期间每个进程被执行的次数。

```
proc:::exec-success { @proc[execname] = count()}
```

通过统计获取资源函数和释放资源函数的调用情况，我们可以轻松调试资源泄漏问题。在实际使用中，DTrace 脚本可以短到只有一行，就像上面的示例那样，也可以长达几十至上百行，包含众多谓词/动作对，这些都是非常常见的。

如果代码运行在 JVM 上，Byteman 是用于跟踪程序行为的另一个有用工具。它可以将

Java 代码注入应用程序的运行时系统中，而无须重新编译代码。利用一种清晰、简单的脚本语言，我们可以指定在何时及如何对原始的 Java 代码进行转换。与手动添加日志记录代码相比，使用 Byteman 具有以下 3 个优势。首先，它不需要访问源代码，使我们不仅能跟踪自己的代码，还能跟踪第三方代码。其次，可以注入错误和其他类似条件，以验证代码响应方式。最后，可以编写 Byteman 脚本，当应用程序的内部状态偏离预期标准时，该脚本可以让测试用例失败。

在 Windows 生态系统中，Windows 性能工具包（Windows Performance Toolkit）也提供了类似的功能，它是 Windows 评估和部署工具包（Windows Assessment and Deployment Kit）的一部分。工具包中有一个记录组件，即 Windows 性能记录器（Windows Performance Recorder），可以在存在性能问题的系统上运行，以跟踪我们认为重要的事件；工具集中还有一个组件，Windows 性能分析器（Windows Performance Analyzer），它提供了一个真正的 Windows 风格的 GUI，可以绘制结果并对表格进行操作。

要点　◆ 通过对系统和库的调用进行跟踪，可以监控程序的行为，而无须访问其源代码。
　　　◆ 学习如何使用 Windows 性能工具包（在 Windows 上）、SystemTap（在 Linux 上）或 DTrace（在 OS X、Solaris 和 FreeBSD 上）。

条目 59：使用动态程序分析工具

一些专门的工具能够对已编译的程序进行插桩，插入检查例程，监控程序执行，并报告潜在错误。这类检查称为动态分析（dynamic analysis），因为它是在程序运行的时候进行的。条目 51 中讨论过一些技术，例如在 JavaScript 代码中使用的"use strict";语句，在 Perl 代码中使用的 use strict;和 use warnings;语句，它们同时支持静态检查和动态检查，本条目描述的相应检查是对它们的补充。条目 53 中描述的链接到调试库，也将启用某些类型的动态检查，本条目描述的相应检查同样是对它们的补充。

与静态分析工具相比，动态分析工具更容易发现实际发生的错误，因为它们是在代码执行时进行跟踪的，而非像静态分析工具那样仅推断可能执行的代码。这意味着，动态分析工具报告的错误误报率很低。然而，动态分析工具只会查看实际执行的代码。因此，它们可能会漏掉未被执行的代码路径中的错误，从而导致大量潜在的漏报问题。

由于动态程序分析工具通常会显著降低程序的执行速度，并且可能报告一系列优先级不高的错误，因此在调试时最好这样使用此类工具：编写一个非常具体的测试脚本来显示所要调试的确切问题。或者，为了保持代码的整洁，可以在一个真实且全面的测试场景来运行正在分析的代码。通过此过程，可以将所有报告的错误加入白名单，以便在引入更改时轻松识别新错误。

许多动态分析工具能够检测未初始化值的使用、内存泄漏、以及越界访问内存等问题。此外，一些工具还能发现安全漏洞、次优代码、不完整的代码覆盖（表明测试不充分）、隐式类型转换、动态类型不匹配以及数值溢出等问题。条目 62 还将介绍如何利用动态分析工具来捕获并发错误。维基百科上关于动态程序分析的页面列出了数十种工具，可根据自己的环境、问题和预算选择合适的工具。

Valgrind 工具套件是一个广泛使用的开源代码动态分析系统，它包含一个功能强大的内存检查组件。考虑以下程序，虽然只有短短几行代码，但是集合了内存泄漏、非法内存访问和返回未初始化的值这 3 个问题。

```c
#include <stdlib.h>

int
main()
{
    char *c = malloc(42);

    c[42] = 1;
    return c[0];
}
```

使用以下命令来运行程序。

```
valgrind --track-origins=yes --leak-check=yes memory
```

其输出如下，它指明了所有 3 个错误及其在程序中的相关位置。

```
Invalid write of size 1
  at 0x400524: main (memory.c:8)
Address 0x51de06a is 0 bytes after a block of size 42 alloc'd
  at 0x4C28C20: malloc (vg_replace_malloc.c:296)
  by 0x400517: main (memory.c:6)

Syscall param exit_group(status) contains uninitialised byte(s)
  at 0x4EECAB9: _Exit (_exit.c:32)
  by 0x4E6CB8A: __run_exit_handlers (exit.c:97)
  by 0x4E6CC14: exit (exit.c:104)
  by 0x4E56B4B: (below main) (libc-start.c:321)
```

```
Uninitialised value was created by a heap allocation
  at 0x4C28C20: malloc (vg_replace_malloc.c:296)
  by 0x400517: main (memory.c:6)

HEAP SUMMARY:
   in use at exit: 42 bytes in 1 blocks
total heap usage: 1 allocs, 0 frees, 42 bytes allocated

42 bytes in 1 blocks are definitely lost in loss record 1 of 1
  at 0x4C28C20: malloc (vg_replace_malloc.c:296)
  by 0x400517: main (memory.c:6)

LEAK SUMMARY:
  definitely lost: 42 bytes in 1 blocks
  indirectly lost: 0 bytes in 0 blocks
    possibly lost: 0 bytes in 0 blocks
   still reachable: 0 bytes in 0 blocks
        suppressed: 0 bytes in 0 blocks


For counts of detected and suppressed errors, rerun with: -v
ERROR SUMMARY: 3 errors from 3 contexts (suppressed: 0 from 0)
```

另一个有趣的工具是 Jalangi（一个动态分析框架），适用于客户端和服务器端的 JavaScript。该工具会将 JavaScript 代码转换成一种特殊形式，让用户能够通过一个 API 了解代码的执行过程。接着，可以编写验证脚本，设定其在特定事件发生时触发，比如在对某个二进制算术运算进行求值时。还可以利用这类脚本来精确定位 JavaScript 代码中的各种问题。例如，考虑以下代码，它将生成一个无效的数字，即 NaN（not a number，非数字）。

```
var a = "a";
var b = a * 2;
console.log(b);
```

使用该工具作者提供的一个检查器，用 Jalangi 工具运行这个脚本，将产生以下错误。

```
[Location: line No.: 2, col: 9]
  binary operation leads to NaN:NaN <- a [string] * 2 [number]
[Location: line No.: 2, col: 9] writing NaN value to
  variable:b: NaN
[Location: line No.: 3, col: 13] read NaN from variable b :NaN
```

要点　◆　利用动态程序分析工具来定位代码中实际发生的问题。

第 8 章　调试多线程代码

CPU 制造商尽其所能，将越来越多的晶体管封装进芯片的多个核心中，并期望开发人员能够充分利用这些核心。运行在多个核心上的执行线程需要尽量减少彼此间的协调，以便每个线程都能尽可能快地运行。这导致程序的执行呈现出非确定性：每次运行这些程序时，执行顺序都可能有所不同。这就使得我们在前文讨论过的很多技术都无法奏效了。例如，我们无法可靠地放大一个变动不居的目标（参见条目 4）。幸运的是，存在一些专门用来解决这些问题的工具和技术。

请注意，本章描述的许多技术针对的是使用了底层并发构造的代码。这些技术特别适用于系统级代码，用于如操作系统、数据库、游戏引擎或库，以及遗留软件的维护工作。大多数新开发的应用级软件都应该使用高级并发抽象，而不是底层构造（参见条目 66）。如果在调试新的并发代码上花费了大量时间，那可能意味着我们在开发上犯了错误。

条目 60：利用事后调试分析死锁

死锁描述了这样一种情况，多个线程要获取资源并等待其他线程释放资源，最后导致它们陷入僵局——没有一个线程可以继续进行任何有用的工作。当线程需要锁定两个共享数据结构才能执行其任务时，就可能发生死锁。如果一个线程锁定了两个数据结构中的一个，而第二个线程锁定了另一个，当它们试图去获得自己尚未锁定的数据结构上的锁时，就会发生阻塞。美国堪萨斯州的立法机构提供了一个形象的例子：

"当两列火车在一个交叉口相遇时，都应该完全停下，直到另一列火车离开后才能再次启动。"

Bryan Cantrill 和 Jeff Bonwick 在 *ACM Queue* 上发表过一篇题为"真实世界的并发"（Real-World Concurrency）的精彩文章，其中写道，一些并发编程的悲观主义者（Cassandras）把死锁描绘成可怕的事物，这是错误的，因为死锁是最容易分析的并发 bug 之一。根据定义，死锁意味着系统处于停滞状态。将其状态保存到一个核心转储文件中（参见条目 35），我们就可以利用这个文件，并对其进行分析，找到正在执行的线程及这些线程中正在等待执行的代码所处的位置。这就将导致死锁的元素摆在了我们面前（例如，两个或更多的锁），并引导我们找到相应的故障——通常是一组资源上的循环等待。

代码清单 8.1　一个会发生死锁的 C++ 程序

```
1   #include <iostream>
2   #include <mutex>
3   #include <thread>
4   #include <unistd.h>
5
6   using namespace std;
7
8   static mutex m1, m2;
9
10  void bob()
11  {
12      lock_guard<mutex> g1(m1);
13      sleep(1);
14      lock_guard<mutex> g2(m2);
15      cout << "Hi, it's Bob" << endl;
16  }
17
18  void alice()
19  {
20      lock_guard<mutex> g1(m2);
21      sleep(1);
22      lock_guard<mutex> g2(m1);
23      cout << "Hi, it's Alice" << endl;
24  }
25
26  int main()
27  {
28      thread t_bob(bob);
29      thread t_alice(alice);
30
31      t_bob.join();
32      t_alice.join();
33      return 0;
34  }
```

考虑代码清单 8.1 所示的 C++ 程序。bob 和 alice 两个函数在两个线程中运行，每个线程都需要两个互斥锁 m1 和 m2 才能运行。这个程序运行时，偶尔会冻结；若要观察这种情况，可以在一个 shell 循环中运行程序。

```
while true ; do
    deadlock
done &
```

面对一个冻结的程序，可以按照以下步骤进行调试。这里使用的是 UNIX 环境下的工具和方法，但实际上可以根据所使用的平台进行相应的调整。

假设程序是在客户的计算机上冻结的，那么第一步就是从这个冻结的程序获得一份核心转储文件。具体方法是找到程序的进程 ID（使用 ps 命令），然后使用 kill 命令向其发送 QUIT 信号。

```
$ ps
  PID   TTY     TIME  CMD
23010 pts/0 00:00:00 bash
23153 pts/0 00:00:00 bash
23175 pts/0 00:00:00 deadlock
23203 pts/0 00:00:00 ps
$ kill -QUIT 23175
-bash: line 15: 23175 Quit (core dumped) deadlock
```

然后，就可以从客户那里获取该转储文件的副本，并使用 gdb 进行分析。这个文件可能有几兆字节大小（在本例中，其转储文件在 Linux 上为 17MB，在 FreeBSD 上为 9MB），因为它包含进程的完整内存布局。不过，大部分空间可能都是未被使用的，因此该文件可以被轻松压缩至 KB 级别，并通过电子邮件发送。在调用 gdb 时，需要指定可执行程序镜像和内存转储文件。

```
gdb deadlock core
```

接下来，列出死锁发生时正在执行的线程。

```
(gdb) info threads
Id   Target Id                    Frame
3    Thread 0x7f6be668c700 (LWP 22096) __lll_lock_wait ()
2    Thread 0x7f6be6e8d700 (LWP 22095) __lll_lock_wait ()
* 1  Thread 0x7f6be7e7e740 (LWP 22094) 0x00007f6be72404db
   in pthread_join (threadid=140101412247296, thread_return=0x0)
```

可以看到有两个线程似乎正在等待某个锁。在更复杂的程序中，用户可能只能看到部分正在等待某个资源的线程，这些线程应该成为我们关注的重点。

指定线程 ID（前面列表的第一列就是），使用 thread 命令选择一个等待的线程。

```
(gdb) thread 2
[Switching to thread 2 (Thread 0x7f6be6e8d700 (LWP 22095))]
#0  __lll_lock_wait ()
  at ../nptl/sysdeps/unix/sysv/linux/x86_64/lowlevellock.S:135
```

输出线程的栈帧，找到程序中尝试获取锁的代码位置。

```
(gdb) backtrace
#0  __lll_lock_wait ()
  at ../nptl/sysdeps/unix/sysv/linux/x86_64/lowlevellock.S:135
#1  0x00007f6be72414b9 in _L_lock_909 ()
  from /lib/x86_64-linux-gnu/libpthread.so.0
#2  0x00007f6be72412e0 in __GI___pthread_mutex_lock (mutex=
  0x6046c0 <m2>) at ../nptl/pthread_mutex_lock.c:79
#3  0x000000000040109e in __gthread_mutex_lock (__mutex=0x6046c0
  <m2>) at /usr/include/x86_64-linux-gnu/c++/4.9/bits/
  gthr-default.h:748
#4  0x000000000040141a in std::mutex::lock (this=0x6046c0 <m2>)
  at /usr/include/c++/4.9/mutex:135
#5  0x00000000004015ce in std::lock_guard<std::mutex>::lock_guard
  (this=0x7f6be6e8ce40, __m=...) at /usr/include/c++/4.9/mutex:
  377
#6  0x0000000000401192 in .bob () at deadlock.cpp:12
#7  0x0000000000402785 in std::_Bind_simple<void (*())()>::
  _M_invoke<>(std::_Index_tuple<>) (this=0x2438038) at
  /usr/include/c++/4.9/functional:1700
  [...]
#12 0x00007f6be6f7404d in clone ()
```

仔细检查输出信息，可以发现问题出在 `deadlock.cpp` 中的第 12 行。
对其他被冻结的线程，重复上述步骤。

```
(gdb) thread 3
[Switching to thread 3 (Thread 0x7f6be668c700 (LWP 22096))]
#0  __lll_lock_wait ()
  at ../nptl/sysdeps/unix/sysv/linux/x86_64/lowlevellock.S:135
(gdb) backtrace
#0  __lll_lock_wait ()
  at ../nptl/sysdeps/unix/sysv/linux/x86_64/lowlevellock.S:135
#1  0x00007f6be72414b9 in _L_lock_909 ()
  from /lib/x86_64-linux-gnu/libpthread.so.0
#2  0x00007f6be72412e0 in __GI___pthread_mutex_lock (mutex=
  0x604680<m1>) at ../nptl/pthread_mutex_lock.c:79
#3  0x000000000040109e in __gthread_mutex_lock (__mutex=0x604680
  <m1>) at /usr/include/x86_64-linux-gnu/c++/4.9/bits/
```

```
gthr-default.h:748
#4 0x000000000040141a in std::mutex::lock (this=0x604680 <m1>)
   at /usr/include/c++/4.9/mutex:135
#5 0x00000000004015ce in std::lock_guard<std::mutex>::lock_guard
   (this=0x7f6be668be40, __m=...) at /usr/include/c++/4.9/mutex:
   377
#6 0x000000000040122f in .alice () at deadlock.cpp:19
#7 0x0000000000402785 in std::_Bind_simple<void (*())()>::
   _M_invoke<>(std::_Index_tuple<>) (this=0x2438038) at
   /usr/include/c++/4.9/functional:1700
   [...]
#12 0x00007f6be6f7404d in clone ()
```

在输出中，可以看到另一个线程卡在了 deadlock.cpp 中的第 19 行。检查两个线程被卡住的行附近的代码，可以发现死锁的原因：bob 在第 12 行尝试在已持有 m1 上的锁的情况下获取 m2 上的锁，与此同时，alice 在第 19 行尝试在已持有 m2 上的锁的情况下获取 m1 上的锁。

如果有可能发生死锁，系统的设计中应包含应对策略。针对可能出现的死锁，可以采取以下几种策略：忽略、检测、预防或避免。在调试死锁时，应该检查当前系统采用了哪种策略来处理可能的死锁。具体来说，可以查阅该系统的文档，或者更实际的做法是，检查类似条件可能出现的地方的代码。如果你幸运地成为首个发现系统可能发生死锁的人，那么通常需要回到绘图板，提出一种可以处理死锁的方案。具体的处理方法可以是尽量减少不同锁的数量、避免重入、建立锁层次结构，或者让代码使用可以失败而非阻塞的锁定原语。否则，必须修改存在 bug 的代码，以符合系统的死锁处理策略。在这个示例中，一种相对容易实施的预防措施是以某种方式对资源进行排序（对于复杂的资源依赖关系，有个技术术语叫部分排序），并确保始终按照这个顺序来获取锁。因此，对于这个示例，可以通过交换 alice 中的锁获取顺序来解决问题。

```
lock_guard<mutex> g1(m1);
lock_guard<mutex> g2(m2);
cout << "Hi, it's Alice" << endl;
```

以代码清单 8.2 所示的程序为例，看看在 Java 代码中如何调试死锁问题。

代码清单 8.2　一个会发生死锁的 Java 程序

```
1  public class Deadlock {
2      public static void main(String[] args) {
3          Object mutex1 = new Object();
4          Object mutex2 = new Object();
```

```
5
6          Runnable bob = () -> {
7              for (int i = 0; i < 1000; i++)
8                  synchronized(mutex1) {
9                      synchronized(mutex2) {
10                         System.out.println("Hi, it's Bob " + i);
11                     }
12                 }
13         };
14         Runnable alice = () -> {
15             for (int i = 0; i < 1000; i++)
16                 synchronized(mutex2) {
17                     synchronized(mutex1) {
18                         System.out.println("Hi, it's Alice " + i);
19                     }
20                 }
21         };
22
23         Thread at = new Thread(alice);
24         Thread bt = new Thread(bob);
25
26         bt.start();
27         at.start();
28
29         try {
30             at.join();
31             bt.join();
32         } catch(InterruptedException e) {
33             System.err.println("Interrupted: " + e);
34         }
35     }
36 }
```

同样，这个程序在输出几次"Hi it's Bob"之后通常会进入死锁状态。利用 Oracle Java 开发工具包（JDK）中附带的 jstack 命令，可以更容易地定位这个错误。以发生死锁的进程的进程 ID 作为参数运行该命令，可以显示与死锁相关的信息及其涉及的代码。

```
$ jps
5504 Deadlock
8848 Jps
$ jstack -l 5504
2016-02-15 18:37:53
Full thread dump Java HotSpot(TM) Client VM
Found one Java-level deadlock:
```

```
============================
"Thread-0":
 waiting to lock monitor 0x00d66d64 (object 0x0487f930,
 a java.lang.Object), which is held by "Thread-1"
"Thread-1":
 waiting to lock monitor 0x00d66dd4 (object 0x0487f938,
 a java.lang.Object), which is held by "Thread-0"

Java stack information for the threads listed above:
===================================================
"Thread-0":
      at Deadlock.lambda$main$1(Deadlock.java:18)
      - waiting to lock <0x0487f930> (a java.lang.Object)
      - locked <0x0487f938> (a java.lang.Object)
      at Deadlock$$Lambda$2/29293983.run(Unknown Source)
      at java.lang.Thread.run(Thread.java:745)
"Thread-1":
      at Deadlock.lambda$main$0(Deadlock.java:10)
      - waiting to lock <0x0487f938> (a java.lang.Object)
      - locked <0x0487f930> (a java.lang.Object)
      at Deadlock$$Lambda$1/19011157.run(Unknown Source)
      at java.lang.Thread.run(Thread.java:745)

Found 1 deadlock.
```

要点 ◆ 调试死锁问题——获取死锁程序的快照并准确指出等待一组资源的线程
和相关代码。

条目 61: 捕获和重现

对于非确定性 bug, 一种非常有效的方法是在程序运行的时候详细记录其操作。可用的
工具包括 Intel 的 PinPlay/DrDebug 程序录制/重放工具包（适用于 Intel 架构的二进制文件,
可配合 Eclipse 或 gdb 一起使用), 以及 Chronon 录制和调试器（适用于 Java 应用程序）。这
些工具能够以足够详细的程度记录事件, 从而使用户能够观察到在多个核心上实际并发执行
的操作顺序。例如, 主内存的读取和写入操作可以揭示操作的实际执行顺序。

使用捕获和重现系统的方法来处理非确定性 bug, 主要包含以下步骤。

（1）在启用录制功能的情况下重复执行应用程序, 直至 bug 被成功重现。对于发生概率
较低的 bug, 可以通过 shell 脚本循环自动执行这一过程（参见条目 60）。bug 重现后, 保存
录制的信息以供进一步分析。

（2）分析录制的信息，确定 bug 首次出现的位置。在这一步中，可以利用名为程序切片分析（program slice analysis）的技术来识别线程间可疑的依赖关系——请确认使用的工具是否支持这种技术。

（3）在调试器下重放录制的信息，直至达到 bug 出现的位置。

（4）分析此时的程序状态，找出潜在的错误。

下面来看一个具体的例子。

代码清单 8.3　一个存在竞争条件的程序

```c
#include <assert.h>
#include <pthread.h>
#include <stdio.h>
#include <stdlib.h>
#include <unistd.h>

#define C(x) assert((x) == 0)

static int counter;

void *increment(void *threadid)
{
    int i, tmp;

    for (i = 0; i < 100000; i++) {
        tmp = counter;
        tmp++;
        counter = tmp;
    }
    return (NULL);
}

int main()
{
    pthread_t tid[2];
    int i;

    for (i = 0; i < 2; i++)
        C(pthread_create(&tid[i], NULL, increment, NULL));
    for (i = 0; i < 2; i++)
        C(pthread_join(tid[i], NULL));
    printf("counter=%d\n", counter);
    return 0;
}
```

代码清单 8.3 所示的程序展示了一个竞争条件，因为它以非原子方式读取、递增并写入 counter 变量。这一点可以通过多次运行程序来观察。

```
$ ./race
counter=100000
$ ./race
counter=103754
$ ./race
counter=101233
$ ./race
counter=100000
$ ./race
counter=103977
```

首先，使用 PinPlay 录制程序运行失败的情况。或者，使用相应的 Eclipse 插件来执行类似的过程。运行 gdb_record 程序，并在程序进入 main 函数后输入 pin record on 命令，开始录制。如果某次运行未出现故障，则重复录制过程，直至遇到故障。与调试构建版本相比，录制可能会使程序运行速度降低两个数量级，因此在更复杂的程序中，应尽可能延迟开始录制的时机。

```
$ gdb_record race
(gdb) break main
Breakpoint 1 at 0x400730: file race.c, line 28.
(gdb) continue
Continuing.
Breakpoint 1, main () at race.c:28
28              for (i = 0; i < 2; i++)
(gdb) pin record on
monitor record on
Started recording region number 0
(gdb) continue
Continuing.
counter=127873
[Inferior 1 (Remote target) exited normally]
(gdb) quit
```

录制的数据存储在一个名为 pinball 的目录中。使用 replay 命令，可以按照相同的内存操作序列运行程序，自然也会产生相同的错误行为。

```
$ replay pinball/log_0
counter=127873
$ replay pinball/log_0
```

```
counter=127873
$ replay pinball/log_0
counter=127873
```

接下来，使用 gdb 调试器分析录制的数据，并监控位于第 16 行的 tmp 变量的值。

```
$ gdb_replay pinball/log_0 ./race
0x0000000000400737 in main () at race.c:28
28              for (i = 0; i < 2; i++)
(gdb) pin trace tmp at 16
monitor trace [ 0x4006ed : %rsp + -12 ] 4 at 0x4006fe #tmp:<16>
Tracepoint #1: trace memory [0x4006ed : %rsp offset -12 ]
length 4 at 0x4006fe #tmp:<16>
(gdb) break _exit
Breakpoint 1 at 0x7f09dbab22d0: _exit. (2 locations)
(gdb) continue
Continuing.
counter=127873

Breakpoint 1, __GI__exit (status=status@entry=0)
at ../sysdeps/unix/sysv/linux/_exit.c:28
(gdb) pin trace print to tmp.txt
monitor trace print to tmp.txt
(gdb) quit
```

程序执行完毕后，生成的跟踪信息将保存在名为 tmp.txt 的文件中。该文件内容如下。
可以想象，如果程序正确执行，变量的值（位于等号右侧）应该是递增的。

```
0x00000000004006fe: [ 0x0004006ed:rsp + -12] = 0x7f09 #tmp:<16>
0x00000000004006fe: [ 0x0004006ed:rsp + -12] = 0x1 #tmp:<16>
0x00000000004006fe: [ 0x0004006ed:rsp + -12] = 0x2 #tmp:<16>
0x00000000004006fe: [ 0x0004006ed:rsp + -12] = 0x3 #tmp:<16>
0x00000000004006fe: [ 0x0004006ed:rsp + -12] = 0x4 #tmp:<16>
0x00000000004006fe: [ 0x0004006ed:rsp + -12] = 0x5 #tmp:<16>
```

通过分析跟踪文件，就可以查找 tmp 变量的重复值。这些重复值可能有助于指出问题
所在。使用下面的 shell 命令来找到这些值，该命令会提取每一行的第 7 个字段（即 tmp 的
值），然后对这些值进行排序，找出重复的值并输出前面几个。

```
$cut -d' ' -f7 tmp.txt | sort | uniq -d | head
0x108e5
0x108e6
0x108e7
```

一旦发现在跟踪文件中多次出现的 tmp 值，比如 0x108e5，就可以通过命令 pin break 16 if tmp == 0x108e5 设置一个条件断点。程序将在重放的录制信息中出现重复的 tmp 值时停止执行。

```
$ gdb_replay pinball/log_0 ./race
0x0000000000400737 in main () at race.c:28
28              for (i = 0; i < 2; i++)
(gdb) pin break 16 if tmp == 0x108e5
monitor break at 0x4006fe if [ 0x4006ed : %rsp + -12 ]
4 == 0x108e5 #tmp:<16>
Breakpoint #1: break at 0x4006fe if [0x4006ed :$rsp offset -12]
length 4 == 0x108e5 #tmp:<16>
(gdb) continue
Continuing.
Triggered breakpoint #1: break at 0x4006fe if [0x4006ed :$rsp
offset -12 ] length 4 == 0x108e5 #tmp:<16>[New Thread 13259]

Program received signal SIGTRAP, Trace/breakpoint trap.
[Switching to Thread 13259]
increment (threadid=0x0) at race.c:16
16                  tmp = counter;
```

当程序在设定的断点处停止重放时，可以检查所有线程和变量的状态。通过这种方式，就可以观察到问题是如何产生的了。从下面摘录的调试信息中可以发现，两个线程有相同的 tmp 值，这表明设置 tmp 和更新 counter 两个操作应该以原子方式运行。

```
(gdb) print tmp
$1 = 67813
(gdb) info threads
[New Thread 13258]
  Id   Target Id       Frame
  3    Thread 13258    0x000000000040070e in increment
  (threadid=0x0) at race.c:18
* 2    Thread 13259    increment    (threadid=0x0) at race.c:16
  1    Thread 13248    0x00007f09dbdbf66b in pthread_join (
  threadid=139680249001728, thread_return=0x0)
  at pthread_join.c:92
(gdb) thread 3
[Switching to thread 3 (Thread 13258)]
#0 0x000000000040070e in increment (threadid=0x0) at race.c:18
18                  counter = tmp;
(gdb) print tmp
$2 = 67813
```

要点　◆　对于非确定性的并发错误，可以这样定位和解决：捕获失败的运行实例，
　　　　　分析录制的文件，并在调试器下重放这些文件。

条目62：借助专用工具来发现死锁和竞争条件

编写底层多线程代码如同在刀尖上跳舞，极易出错。我们可能会犯下数十种微妙的错误，而任何一种都可能在重要演示或截止日期前突然出现。使用工具来查找并发错误可以帮我们节省大量时间。

一种应对方法是对代码进行静态分析，以识别可能存在 bug 的模式（参见条目51）。例如，FindBugs 这款工具可以检测多线程正确性（Multi-threaded Correctness）类别中的45种错误。这些错误包括不正确的同步元素、不匹配的 wait() 和 notify() 调用、不一致的同步问题、未受保护的字段，以及锁释放失败等。FindBugs 可以通过命令行、GUI 或集成开发环境来运行，当然最好是将其作为持续集成过程的一部分。

考虑下面的代码。

```
 1  class Counter {
 2      private int n = 0;
 3
 4      public synchronized void increment() {
 5          n++;
 6      }
 7
 8      public void decrement() {
 9          n--;
10      }
11
12      public synchronized int value() {
13          return n;
14      }
15  }
```

代码清单 8.4 所示程序用到了 Counter 类，其中包含两个线程，分别对同一个计数器执行增加和减少操作，各 100000 次。

代码清单 8.4　在多个线程中使用同一个计数器

```
class ExerciseCounter {
    public static void main(String[] args) {
```

```
final Counter c = new Counter();
final int ITERATIONS = 100000;

Thread inc = new Thread() {
    public void run() {
        for (int i = 0; i < ITERATIONS; i++)
            c.increment();
    }
};

Thread dec = new Thread() {
    public void run() {
        for (int i = 0; i < ITERATIONS; i++)
            c.decrement();
    }
};

inc.start();
dec.start();
try {
    inc.join();
    dec.join();
} catch (InterruptedException e) {
    System.err.println(e);
}
System.out.println(c.value());
    }
}
```

运行该程序，输出一个负数（例如-6775），而不是 0。

编译 Counter 类并使用 FindBugs 进行分析，可以发现 decrement 方法缺少 synchronized 关键字。

```
$ findbugs -textui Counter.class
M M IS: Inconsistent synchronization of Counter.n;
locked 60% of time
Unsynchronized access at Counter.java:[line 9]
```

另一类工具能够分析软件的运行时行为，用以定位竞争条件、死锁、API 误用及性能下降的原因。这些动态分析工具（参见条目 59）能够发现由相隔很远的指令之间相互作用而产生的微妙 bug，这是大多数静态分析工具无法做到的。

　　动态分析工具普遍存在的一个问题是，当软件在其控制之下运行时，软件的运行速度可能会降低好几个数量级，内存使用量也会大幅增加。这是为了细致检查多线程间的依赖关系而必须承担的代价。幸运的是，现代强大的 64 位 CPU 能够寻址数十 GB 的内存，使得几年前还看似不可能的任务，如今即便是在笔记本计算机上也能完成。笔者有亲身经验，对一个庞大的遗留代码库进行并行化改造之后，引入了数十个难以察觉的 bug，最终通过使用动态分析工具得以修复。因此，尽管运行速度会变慢，内存消耗也有所增加，但这种代价是值得的。

　　以下两个示例演示了如何应用动态分析工具来定位 OpenMP 和 POSIX Threads 代码中的错误。

　　首先，来看 OpenMP，考虑下面的简单程序，它使用多个线程来更新一个计数器变量。

```
#include <assert.h>
#include <stdio.h>
#include <stdlib.h>

int main()
{
    int i, counter;
#pragma omp parallel
    for (i = 0; i < 100000; i++)
        counter++;
    printf("counter=%d\n", counter);
    return 0;
}
```

多次运行这个程序会得到不同的结果，显然，代码存在问题。

```
$ ./race
counter=399757
$ ./race
counter=95561
$ ./race
counter=195790
```

　　在启用调试的情况下编译代码，并使用 Intel Inspector 工具运行程序来定位死锁和数据竞争问题。在结果中看到两个数据竞争，如图 8.1 所示。显然，变量 i 被错误地在多个线程之间共享了，而变量 counter 的递增操作也未以原子方式执行。

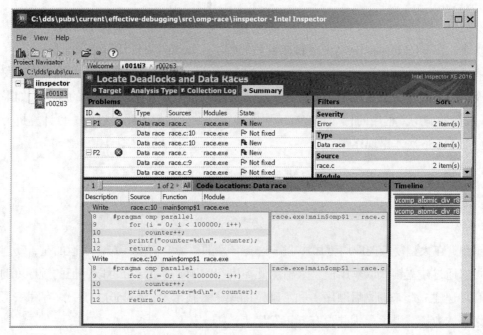

图 8.1　使用 Intel Inspector 识别竞争条件

　　修复代码，让每个线程拥有 i 的一个私有版本，并以原子方式递增 counter，这样问题就解决了。

```c
#include <stdio.h>

static int i, counter;
#pragma omp threadprivate(i)

int main()
{
#pragma omp parallel
    for (i = 0; i < 100000; i++)
#pragma omp atomic
        counter++;
    printf("counter=%d\n", counter);
    return 0;
}
```

　　修正后的程序能始终输出一致的结果，且该结果为 100000 的整数倍。

```
$ ./fixed
counter=800000
```

```
$ ./fixed
counter=800000
```

此外，在 Intel Inspector 之下运行修复后的版本，没有再报告任何错误消息。

条目 60 介绍了如何在获得程序的内存转储之后调试死锁问题。然而，如果故障发生的概率极低，用户可能没有机会捕获到内存转储文件。如代码清单 8.1 所示的程序，如果去掉对 sleep 的调用，程序的行为将变成完全非确定性的。在笔者测试过的一台计算机上，程序运行了 61266 次才出现死锁。

```
$ while : ; do deadlock ; echo OK ; done >output
^C
$ expr $(wc -l <output) / 3
61266
```

试想，在大型复杂的应用程序中调试这类罕见的故障会有多困难。幸运的是，动态分析工具可以通过建立锁获取顺序模型来检测此类潜在问题。通过区分可以保证的顺序（例如通过消息传递建立起来的先后顺序）和不确定的顺序（技术术语是部分排序），有算法可以检测到潜在的死锁，哪怕死锁并没有真正发生。

可以通过执行 Valgrind 工具套件中的 Helgrind 工具来发现这类错误。它可以检测使用了 POSIX 线程原语的 C、C++和 Fortran 程序中的同步错误。只需通过 valgrind 命令调用待调试的程序，并指定--tool=helgrind 选项。

```
valgrind --tool=helgrind deadlock
```

以下是得到的输出信息的摘要。

```
Helgrind, a thread error detector
Command: deadlock

Thread #3: lock order "0x600F40 before 0x600F80" violated

Observed (incorrect) order is: acquisition of lock at 0x600F80
  at 0x4C30616: pthread_mutex_lock (hg_intercepts.c:593)
  by 0x400834: alice (deadlock.c:24)
followed by a later acquisition of lock at 0x600F40
  at 0x4C30616: pthread_mutex_lock (hg_intercepts.c:593)
  by 0x40085B: alice (deadlock.c:25)

Required order was established by acquisition of lock
  at 0x600F40
  at 0x4C30616: pthread_mutex_lock (hg_intercepts.c:593)
```

```
  by 0x40077B: bob (deadlock.c:14)
followed by a later acquisition of lock at 0x600F80
  at 0x4C30616: pthread_mutex_lock (hg_intercepts.c:593)
  by 0x4007A2: bob (deadlock.c:15)

Lock at 0x600F40 was first observed
  at 0x4C30616: pthread_mutex_lock (hg_intercepts.c:593)
  by 0x40077B: bob (deadlock.c:14)
Address 0x600f40 is 0 bytes inside data symbol "m1"

Lock at 0x600F80 was first observed
  at 0x4C30616: pthread_mutex_lock (hg_intercepts.c:593)
  by 0x4007A2: bob (deadlock.c:15)
Address 0x600f80 is 0 bytes inside data symbol "m2"

ERROR SUMMARY: 1 errors from 1 contexts (suppressed: 18 from 18)
```

报告指出，bob 获取锁的过程确立了获取锁的必要顺序：先获取 m1，再获取 m2。稍后 Helgrind 又观察到，alice 违反了这一顺序，它要先获取 m2，再获取 m1。由于没有其他锁定或同步调用可以防止这两种顺序的交叉，因此 Helgrind 推断出这种排序是错误的，并报告了这一问题。

> **要点**　◆ 利用静态分析工具对多线程代码进行分析，以识别潜在的同步和锁定错误。
>
> 　　　　◆ 在动态分析工具之下运行多线程程序，以找到 API 误用、潜在的死锁和数据竞争等问题。

条目 63：隔离并消除非确定性

并发代码的执行缺乏确定性，极大地增加了调试的难度。除非采取一些特殊措施（参见条目 61），否则调试这样的代码就像在浮沙上筑高台：代码的行为不断变化，导致无法可靠地重现 bug，无法通过反复试验放大 bug，也无法验证 bug 是不是真的被修复了。除本章讨论的各种方法和工具外，还有两种替代方法：一是隔离方法，即将非确定性代码与程序的其他部分隔离开来；二是移除方法，即通过特定的实现和配置将非确定性代码变为确定性的。

隔离方法通过将代码分割为两个部分，帮助我们解决复杂并发软件中的棘手问题。采用所谓的谦卑对象（Humble Object）模式，我们可以将非确定性的并发代码与程序的其他逻辑隔离开来。该方法旨在将包含非确定性并发代码的一个最小内核放在一边，而将易于使用传统的、直接的、成熟的工具和技术进行测试和调试的确定性代码放在另一边。一个小的、非确定性的内核更容易通过排练预演来推导其行为，可以采用形式化方式或半形式化方式，既可以单独考虑，也可以将其作为一个整体考虑。保持非确定部分的规模较小，有助于发现潜在问题，并有可能提供并发问题不存在的证明（即证明代码的正确性）。如果并发代码规模较小，我们就有可能更轻松地理解其本质，尤其是在将其转换为伪代码以推理其行为时。还可以利用可靠的现成原语来表达和重写这个小内核，从而消除错误来源（参见条目 66）。最后，将这两部分隔离开，可以为进一步的架构优化提供契机。

移除方法通过找到会导致非确定性的根源，将其替换为行为可预测的实体，来消除非确定性。例如，可以尝试将一个多线程的组件配置为仅以单线程模式运行。（这在可以控制的线程池中容易实现，但若涉及第三方组件，可能就很困难了。）因此，在 Java 程序中可以创建一个 ForkJoinPool 线性池，并将 parallelism 设置为 1，在 C/C++程序中可以用 SQLITE_CONFIG_SINGLETHREAD 选项配置 SQLite 数据库。这种方法让测试人员知道该期望什么样的表现，以及在什么时候期望这样的表现，同时让调试会话成为可重复的，从而简化测试和调试。这样在调试程序的顺序逻辑中的错误时可以更轻松，尽管无助于解决并发 bug，但可以帮助我们确定特定 bug 是不是由并发导致的。显然，相应的配置只能用于调试和测试，而不能包含在生产环境中。

例如，对于异步响应请求的对象，可以创建一个测试替身（test double）或模拟对象（mock object），让它在内部等待响应，并为测试代码提供同步获取响应的方法。下面的 shell 函数，如果运行的时候设置了 TESTING 变量，它就会等待指定的文件下载完成，而不是异步获取该文件。

```
fetch_file()
{
local url="$1"
local filename="$2"

wget -q -O $filename $url &
if [ "$TESTING" ] ; then
  wait
fi
}
```

还有一种情况，与其启动多个线程并让它们异步运行，还不如在测试配置下逐个启动线程并等待每个线程运行完毕。最好是在设计程序时就支持这种测试配置。这样做的目的是使软件更易于测试和调试，从而降低未来出错的风险，并使修复更加有迹可循。

要点　◆ 将并发代码与程序的其他部分隔离开来，就能针对每个部分应用最合适
　　　　的调试工具和技术。

　　　　◆ 创建一个专门的测试和调试配置，在此配置下，可以利用模拟对象和其
　　　　他技术让代码以确定方式运行，从而使代码的执行变得可重复。

条目 64：通过观察资源竞争情况来研究可伸缩性问题

　　如果系统的性能指标（通常是延迟或吞吐量）没有随着可用资源（如 CPU 的核数）的
增加而提升，应该先检查资源竞争问题。具体应该检查的方面包括：未并行化的系统功能、
对不同资源的锁定（也是本条目讨论的重点）以及内存缓存（参见条目 65）。

　　代码清单 8.5 所示的程序利用指定数量的线程来创建一个包含指定数量的公钥-私钥对
的映射。

代码清单 8.5　以多线程方式生成一个包含公钥-私钥对的映射

```
import java.security.*;
import java.util.concurrent.*;
import java.util.HashMap;

public class LockContention {
    static public void main(String[] args) {
        int nKeys = Integer.parseInt(args[0]);
        int nThreads = Integer.parseInt(args[1]);
        HashMap<PublicKey, PrivateKey> map =
            new HashMap<PublicKey,
            PrivateKey>();

        Runnable task = () -> {
            try {
                synchronized(map) {
                    KeyPairGenerator keyGen = KeyPairGenerator
                        .getInstance("DSA", "SUN");
                    SecureRandom random = SecureRandom
                        .getInstanceStrong();
                    keyGen.initialize(2048, random);
                    KeyPair pair = keyGen.generateKeyPair();
                    map.put(pair.getPublic(), pair.getPrivate());
                }
            } catch (Exception e) {
```

```
            System.out.println("Generation failed: " + e);
        }
    };

    ExecutorService executor = Executors
        .newFixedThreadPool(nThreads);
    for (int i = 0; i < nKeys; i++)
        executor.submit(task);
    try {
        executor.shutdown();
        executor.awaitTermination(5, TimeUnit.SECONDS);
    } catch (InterruptedException e) {
        System.err.println("Interrupted await: " + e);
    }
    }
}
```

分别使用 4 个线程和 1 个线程运行该程序来生成 1000 个密钥对，发现所用的时间差不多。

```
$ time java LockContention 1000 4
real 0m11.106s
$ time java LockContention 1000 1
real 0m11.075s
```

在这个例子中，性能随线程数量增加而提升受限的问题是显而易见的。然而，当我们面对的是规模更大的系统时，这类问题可能并不是那么明显。可以使用专门定位竞争原因的剖析工具轻松调试这类问题，也就是多个线程争用某个共享资源并发生阻塞的情况。Oracle 的 Java Flight Recorder 和 Intel 的 VTune Amplifier 是这类工具的两个典型代表。下面就以前者为例来演示一下。

首先，在 Java Flight Recorder 剖析器下运行代码清单 8.5 所示示例程序，收集必要的数据。

```
$ java -XX:+UnlockCommercialFeatures -XX:+FlightRecorder \
> -XX:StartFlightRecording=name=test,dumponexit=true,\
> filename=perf.jfr LockContention 1000 4
Started recording 1. No limit (duration/maxsize/maxage) in use.
```

或者，也可以选择将这个剖析器附加到已在运行的程序上。在这个示例中，可以使用 Oracle Java Mission Control 的 GUI 来完成此操作。

接下来，研究并分析收集到的数据，通常通过使用剖析器提供的 GUI 进行。典型的图像如图 8.2 所示。观察各个线程的时间分布（左上图）可以发现问题所在——这种分布并不均匀。检查阻塞时间最长的那些线程（右上图），可以清楚地看到它们被阻塞了好几秒。单击查看阻塞最严重的线程的栈轨迹信息，可以发现在一个 `HashMap` 对象上存在锁竞争。通过进一步观察延迟（左下图）和锁（右下图）的原因，可以确认这一点，阻塞时间约 12.9s，在 `HashMap` 的锁上消耗的就是这么多时间。

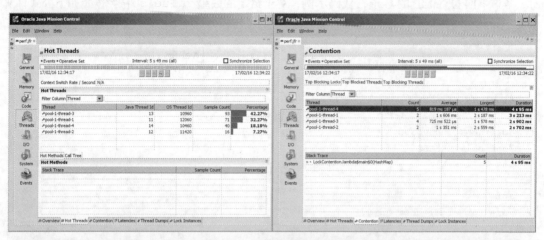

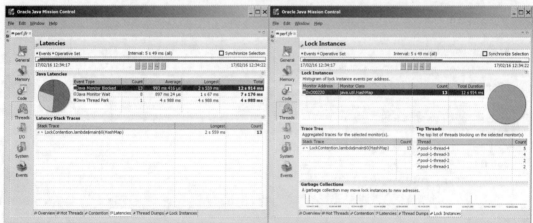

图 8.2　使用 Java Flight Recorder 分析竞争问题

用 `ConcurrentHashMap` 替换 `HashMap`，可以移除映射上不必要的同步，从而解决了这里存在的可伸缩性问题，这时再用 4 个线程来测试，其执行速度比使用单线程提高了约 3.2 倍。

```
$ time java NoContention 1000 4
real 0m3.503s
```

要点　◆　使用剖析工具查看竞争的原因，可以解决多线程程序的可伸缩性问题。

条目 65：使用性能计数器定位伪共享

考虑下面 OpenMP 的 C 语言代码示例，对于给定的数组 values，它会按照如下公式计算出 8 个和。

$$\text{sum}_0 = \sum_{i=0}^{N} \left\lfloor \frac{\text{values}_i}{2^0} \right\rfloor, \cdots, \text{sum}_7 = \sum_{i=0}^{N} \left\lfloor \frac{\text{values}_i}{2^7} \right\rfloor$$

```c
#include <omp.h>

#define N 100000000
#define NTHREADS 8
int values[N];

int
main(int argc, char *argv[])
{
    int tid;
    static int sum[NTHREADS];

#ifdef _OPENMP
    omp_set_num_threads(NTHREADS);
#pragma omp parallel private(tid)
    {
        tid = omp_get_thread_num();
#else
    for (tid = 0; tid < NTHREADS; tid++) {
#endif
        for (int i = 0; i < N; i++)
            sum[tid] += values[i] >> tid;
    }
}
```

使用 OpenMP 编译时，以 8 个线程运行为例，在一台 8 核的机器上，其运行花费的挂钟时间（wall clock time）为 2603ms。

```
$ time ./sum-mp
real 0m2.603s
user 0m19.076s
sys  0m0.072s
```

还是这段代码，如果不使用 OpenMP 支持，则将顺序执行这 8 个求和操作。在这种情况下，程序的运行速度会更快一些，在同一台机器上仅耗时 2249 ms。

```
$ time ./sum-seq
real   0m2.249s
user   0m2.208s
sys    0m0.040s
```

在这个并行任务中，我们惊讶地发现，当运行多个线程时性能反而下降了。理论上，8 个工作线程完成的速度本应该远高于单个工作线程。

这种现象就是**伪共享**（false sharing）的影响。由于代码中没有使用任何同步原语，因此性能下降不能归咎于同步问题。不过，CPU 核心本身会使用一个同步协议（所谓的缓存一致性协议）来为线程提供一致的内存视图。该协议旨在解决的问题是，所有 CPU 核心共享同一主内存，但每个 CPU 核心为其频繁使用的内存部分在与之关联的本地快速缓存中保留了一份私有副本。当一个核心按照某个内存地址向其本地缓存写入数据，而恰好另一个核心也缓存了该地址的原有数据。这时，当有其他核心试图读取该地址的数据时，处理器必须进行一些复杂的操作，才能确保所有 CPU 核心对这两个缓存有一致的视图。我们所观察到的速度变慢是缓存同步协议引入的开销，该协议确保所有线程对 sum 数组有一致的视图。正常情况下，独立的线程不会相互影响，因为它们通常是在不同的内存区域上执行操作的。然而，在前文示例的情况下，sum 数组小到足以放入每个核心的同一缓存行中。尽管每个核心都会对单独的值进行操作，但是这实际上使得 sum 值是在多个 CPU 核心之间共享的——这就是伪共享这一术语的由来。因此，写操作最终会将缓存值推送到（速度较慢的）主内存中，以便其他核心可以看到这些值，而读操作则需要从主内存获取这些值。（实现缓存同步的方法其实有很多种，但都会带来很大的开销）。

调试伪共享问题的一种有效方法是利用 CPU 的性能计数器。这些计数器会跟踪与 CPU 性能相关的各种事件，如执行指令数和缓存未命中次数。Visual Studio 的 Concurrency Visualizer 扩展、Intel 的 VTune Performance Analyzer 和 Linux 上的 perf 命令等工具，可以在程序运行时识别伪共享等问题，并帮助我们深入查找罪魁祸首。

在前文的代码中使用 perf 来测量最后一级缓存的未命中次数（即下面命令中的 LLC-loads）。当缓存一致性协议开始起作用时，我们会观察到未命中次数的增加。

```
$ perf stat --event=LLC-loads ./sum-seq
Performance counter stats for './sum-seq':
        17,830    LLC-loads
    2.223350547 seconds time elapsed
$ perf stat -e LLC-loads ./sum-mp
Performance counter stats for './sum-mp':
    49,264,883    LLC-loads
    2.547188760 seconds time elapsed
```

为了定位影响代码的伪共享，下一步是用 perf 命令运行前面的示例程序，并记录我们感兴趣的事件。

```
perf record --event=LLC-loads ./sum-mp
```

还可以将 perf 附加到一个已在运行的程序上。

最后，执行 perf annotate 命令来分析所获得的结果，从而找出导致大量缓存未命中的代码。此外，perf 工具提供了 GUI，非常适合分析大型程序。对于这里的示例，文本化的输出就可以明确问题所在：在所有涉及最后一级缓存加载的操作中，有 54.09%（25.03% + 14.23% + 14.83%）的概率都发生在写入 sum 的那行代码中。

```
Percent | Source code & Disassembly of sum-mp for LLC-loads
----------------------------------------
      :   Disassembly of section .text:
      :       {
      :           tid = omp_get_thread_num();
 0.00 :   4006eb: callq 400560 <omp_get_thread_num@plt>
 0.00 :   4006f0: mov  %eax,-0x8(%rbp)
      :   #else
      :     for (tid = 0; tid < NTHREADS; tid++) {
      :   #endif
      :         for (int i = 0; i < N; i++)
 0.00 :   4006f3:   movl $0x0,-0x4(%rbp)
 0.19 :   4006fa:   cmpl $0x5f5e0ff,-0x4(%rbp)
 2.42 :   400701:   jg   400738 <main._omp_fn.0+0x59>
      :           sum[tid] += values[i] >> tid;
 0.36 :   400703:   mov  -0x8(%rbp),%eax
 0.79 :   400706:   cltq
 0.22 :   400708:   mov  0x600bc0(,%rax,4),%edx
25.03 :   40070f:   mov  -0x4(%rbp),%eax
 0.55 :   400712:   cltq
 0.37 :   400714:   mov  0x600c00(,%rax,4),%esi
 2.21 :   40071b:   mov  -0x8(%rbp),%eax
 2.00 :   40071e:   mov  %eax,%ecx
 0.06 :   400720:   sar  %cl,%esi
 2.68 :   400722:   mov  %esi,%eax
 0.06 :   400724:   add  %eax,%edx
 0.83 :   400726:   mov  -0x8(%rbp),%eax
14.23 :   400729:   cltq
14.83 :   40072b:   mov  %edx,0x600bc0(,%rax,4)
```

基于这些观察，可以使用一个基于栈的变量来对数组的值进行求和，然后将结果赋值给

sum 数组，从而避免伪共享。

```
#include <omp.h>

#define N 100000000
#define NTHREADS 8
int values[N];

int
main(int argc, char *argv[])
{
    int tid;
    static int sum[NTHREADS];

    omp_set_num_threads(NTHREADS);
#pragma omp parallel private(tid)
    {
        int local_sum = 0;
        tid = omp_get_thread_num();
        for (int i = 0; i < N; i++)
            local_sum += values[i] >> tid;
        sum[tid] = local_sum;
    }
}
```

修改后的并行程序的运行速度是顺序执行版本的 4 倍。

```
$ time sum-mp-noshare
real    0m0.553s
user    0m4.276s
sys     0m0.072s
```

要点　◆　使用可以监控性能计数器的剖析工具，以识别和避免伪共享问题。

条目 66：考虑使用更高级别的抽象重写代码

如本章其他条目所述，控制底层多线程代码极其困难。竞争条件、死锁、活锁（即代码持续运行却无实质进展）和性能问题仅是常见 bug 中的冰山一角。如果所遇到的 bug 看起来无法解决，那么放弃现有的代码库（或者至少放弃其中的并发组件），转而采用抽象层次更高的解决方案，是一个值得考虑的选项（也可以参见条目 47）。为了让多个处理器核心可靠且高效地工作，我们有多种架构路径可以选择，如使用消息总线或作业队列。但这些主题超出了本书的讨论范围。相反，本条目会概述几种方法，帮助你编写代码时绕过与并行相关的

bug。其核心思想是将并发控制的责任委派给其他软件，从而使应用程序能够有效地利用多核处理器。和任何技术一样，并不能保证总是成功，但成功时效果显著。通常只需付出很少的努力（也许还要花点钱），就能显著提升性能。

在最高层次上，如果能利用可靠的**现成中间件**来完成这项任务，那么充分利用多个核心就会变得非常容易。特别是，如果应用程序主要处理 Web 请求或执行 SQL 语句，这一点尤其容易实现。Web 应用服务器会将其工作划分到多个线程或进程中，从而可以利用所有可用的处理核心。我们的主要任务是确保应用程序能在应用服务器框架（如 Java EE 或 Node.js）之内运行。另一种简单的情况是让复杂的关系数据库管理系统处理 SQL 查询。这类系统的查询优化引擎通常会将查询分解，以便在所有可用核心上并行执行，例如，用来对数据库表进行过滤的每个 WHERE 子句都可以分配到一个单独的核心上。在这种情况下，我们的主要责任就是让数据库尽可能多地完成工作。

另一种将工作分解到多个核心上的高级方法是，**将处理工作分拆到多个独立的进程中**，让操作系统代劳。应用程序可能符合管道和过滤器架构，即一个进程的输出直接作为下一个进程的输入（参见条目 22）。由 UNIX shell 普及的管道语法允许我们轻松地将多个进程连接在一起，而无须考虑如何在处理器的多个核心之间分配工作。任何一个好的现代操作系统都会自动帮我们做到这一点。例如，如果软件线程的任务是将数据文件的压缩格式从 bzip2 转换为 gzip。可以运行以下管道命令：

```
bzip2 -dc data.bz2 | gzip -c >data.gz
```

解压缩程序 bzip2 将与压缩程序 gzip 并发运行。看下面的测量结果，在一个大小为 70MB 的压缩文件上运行这两个命令，顺序执行需要约 41s，而以管道形式执行则可以将时间缩短到约 27s。

```
$ time { bzip2 -d data.bz2 ; gzip data ; }
real    0m41.367s
user    0m40.325s
sys     0m0.919s


$ time bzip2 -dc <data.bz2 | gzip -c >data.gz
real    0m27.444s
user    0m40.886s
sys     0m1.278s
```

如果正在调试的进程涉及顺序处理一系列离散的数据块（如文件、文本行或其他记录），那么可以使用 GNU parallel 轻松地将这些任务分配到多个核心上。只需提供数据块，它便会自动根据需要启动足够多的作业，确保 CPU 核心保持近 100%的利用率。例如，如果软件要从相机图片创建缩略图，可以像下面这样通过 parallel 命令调用 JPEG 解码和压缩程序。

```
ls *.jpg | parallel 'djpeg -scale 1/16 {} | cjpeg >thumb/{}'
```

测量结果表明，使用这种技术可以将任务运行时间缩短一半。

```
$ time ls *.jpeg |
> xargs -I '{}' sh -c 'djpeg -scale 1/16 {} | cjpeg >thumb/{}'
real   0m10.493s
user   0m6.428s
sys    0m4.360s

$ time ls *.[Jj]* |
> parallel 'djpeg -scale 1/16 {} | cjpeg >thumb/{}'
real   0m4.149s
user   0m8.384s
sys    0m6.696s
```

如果正在调试的代码是将一个大任务分配给多个工作线程，并且其输入是一个很大的文件，那么 parallel 命令可以按需将该文件分配给多个线程。（根据笔者的经验，如果使用底层的线程操作或异步 I/O 从头开始实现这样的功能，要想完全做对会非常棘手。）

遗憾的是，并非所有处理任务都能建模为适合作为管道运行的线性进程，或作为能在 parallel 命令下运行的独立进程。在许多情况下，各个步骤之间存在依赖关系。面对这种情况，可以将不同文件之间的依赖关系及从一个文件构建另一个文件所需的（粗粒度的）操作用一个 Makefile 文件来描述，这样就可以使用 UNIX 的 make 工具来处理了。现代版本的 make 工具接受一个-j 参数，它指示该工具在依赖关系允许的情况下并行执行多个作业。虽然这通常用于加快系统的编译速度，但谁也不能阻拦我们将其用于表达电影的渲染或大数据处理作业的运行。下面是在一台 8 核的计算机上编译 Linux 4.5 内核时的加速情况。通过让 make 工具并行运行 8 个作业（-j 8），可以将编译完成的等待时间（挂钟时间）从 14min 减少到 3min。

```
$ time make >/dev/null
real   14m18.053s
user   11m35.152s
sys    1m41.608s

$ time make -j 8 >/dev/null
real   3m12.827s
user   20m32.272s
sys    2m35.600s
```

parallel 命令的工作原理是，将数据分割成一系列的块，然后在这些块上分别应用一个进程。可以通过使用**映射-规约**（map-reduce）**和过滤-规约**（filter-reduce）技术在自己的应用程序中实现类似的效果。利用这些技术，可以将一个函数应用于一个容器（如 vector）内的所有元素，以更改其中的每个元素（map）或选择其中的特定元素（filter）。然后，还可以使用另一个函数将结果规约（reduce）为单个元素。如果所应用的函数的开销较大，那么可以通过多个应用级线程将这一操作拆分到多个核心上，这样做是有好处的。例如，可以使用 `java.util.stream` 包中的 `Collection.parallelStream` 方法，或使用 QtConcurrent C++库中的函数。我们唯一要做的就是使用容器和与相应 API 兼容的 `map`、`filter` 或 `reduce` 函数。对于较大且操作粒度较粗的任务，可以将整个处理过程转交给一个分布式处理框架，如 Apache Hadoop。

对于许多常见的、可并行化的重型处理任务，都可以找到为充分利用多核 CPU 的能力而手工优化过的**库**。具体来说，比如包括 AMD 和 Intel 在内的处理器厂商提供的音视频编解码函数库；再比如图像、语音和通用信号处理库、加密库、压缩库及渲染库等。此外，还有一些更为专业的库可供选择。其中一个例子是 BLAS（Basic Linear Algebra Subprograms，基本线性代数子程序）规范的 ATLAS（Automatically Tuned Linear Algebra Software，自动调优线性代数软件）实现的。它可以在构建时根据目标硬件的能力动态调整库的组件。另一个例子是 NAG Numerical Components Library for SMP and Multicore，该库提供了数值计算和统计算法的并行化实现。如果能用矩阵运算等方式来表达问题（其实很多问题都可以），那么就可以通过调用这些库来替换有 bug 的代码。

下面演示如何使用适合的库利用并行性来提高性能，同时无须像采用显式的并发编程那样付出很多努力。以下 R 程序用于计算 10000 × 10000 矩阵的逆矩阵。

```
#!/usr/bin/env Rscript

# Matrix size
n <- 10000

# Create a square matrix of random numbers
m <- replicate(n, rnorm(n))

# Calculate the matrix inverse
r <- solve(m)
```

使用为单核计算机构建的 ATLAS 库版本运行该程序，大约需要 3min。

```
$ time ./solve.R
real   3m10.285s
```

```
user    3m8.476s
sys     0m1.800s
```

将 R 使用的 BLAS 库替换为针对多核计算机优化的版本，可以将运行时间缩短到 1min。

```
$ time ./solve.R
real    1m1.995s
user    3m11.876s
sys     0m3.256s
```

另一种方法是采用能够轻松利用多核能力的**编程语言**或编程范式。函数式编程在这方面具有优势，因为以这种方式编写的程序构件不会相互影响。因此，如果所用的语言是 Java，则可以从使用 Lambda 表达式和流开始。如果工作与现有的 API 紧密相关，可以尝试使用与相应框架兼容的函数式语言，如 Clojure（JVM、.NET 和 JavaScript）、Scala（JVM）或 F#（.NET）。也可以考虑使用纯函数式语言（如 Haskell）、为特定领域量身定制的语言（如 R）或明确设计用于支持并发的语言（如 Erlang）。如果从头开始构建系统，并且系统需要执行大量的数据处理但只涉及少量的 API 交互，那么采用这种方法也许是有意义的。然而，对于存在很多 bug 的软件，如果决定彻底重构，还可以考虑使用反应式、事件驱动的框架，如 Vert.x，以利用多核处理器。

可以通过一个例子说明调用并行函数所能带来的性能提升，考虑这样一个任务，查找英语中可以通过重新排列一个单词的字母来形成新的 5 个字母单词（如 "trust" 可以重新排列为 "strut"）。代码清单 8.6 所示的 R 程序可以生成这个集合。

代码清单 8.6　对用 R 编写的函数应用并行化

```
#!/usr/bin/env Rscript l
ibrary(combinat)
library(parallel)

# Read in a file of English words
words <- readLines('/usr/share/dict/words')

# Obtain five letter words
flw <- words[nchar(words) == 5]

# Return words consisting of permutations of the passed word
word.permutations <- function(w) {
  # Obtain all character permutations
  p <- lapply(strsplit(w, NULL), permn)
  # Convert permutations to list of words
  r <- sapply(unlist(p, recursive=FALSE), paste, collapse="")
```

```
# Remove permutations resulting in the original word
new <- r[r != w]
# Return the intersection of the two sets
intersect(flw, new)
}


# Generate list of words that are permutations of others
p <- unlist(lapply(flw, word.permutations))
```

所有的工作都由 word.permutations 函数完成；将该函数应用于单个单词时，会返回可以从该单词的字符重新排列生成的其他单词。

```
> word.permutations('teams')
[1] "mates" "meats" "steam" "tames"
```

所有单词的列表是这样生成的，通过 R 的 lapply 函数，将 word.permutations 应用于所有 5 个字母单词的列表（即 flw）。如果将 lapply 函数替换为其并行化版本 mclapply，计算时间可以减少到原来的四分之一以下。

```
> system.time(lapply(flw, word.permutations))
   user system elapsed
20.896 0.000 .  20.896
```

```
> system.time(mclapply(flw, word.permutations, mc.cores=8))
   user system elapsed
42.976 0.268 .  4.623
```

最后，许多编程框架努力引入更高级别的并发原语，以解决底层并发代码中常见的 bug。在可能的情况下，请考虑切换到这类更高级别的原语，而不是费力修复底层的多线程代码。下面是来自 Java 的并发设施的一些示例。

- 使用 Executor 框架的 Executor 和 ExecutorService 接口（参见条目 64），而不是调试对底层线程进行管理的代码。

- 采用 CountDownLatch、CyclicBarrier、Exchanger、Phaser 和 Semaphore 类，而不是试图纠正使用原始同步代码块实现的类似功能。

- 使用 java.util.concurrent 中的并发集合及其弱一致迭代器，而不是与和自定义同步、java.util 或 Collections 同步适配器方法相关的异常、竞争条件和性能问题斗争。可能有帮助的类包括：ArrayBlockingQueue、BlockingDeque、BlockingQueue 、 ConcurrentHashMap 、 ConcurrentLinkedDeque 、 Concurrent-LinkedQueue、ConcurrentMap、ConcurrentNavigableMap、

ConcurrentSkip-ListMap、ConcurrentSkipListSet、CopyOnWriteArrayList、
CopyOnWrite-ArraySet 、 DelayQueue 、 LinkedBlockingDeque 、
LinkedBlockingQueue、LinkedTransferQueue、PriorityBlockingQueue、
SynchronousQueue 和 TransferQueue。

- 对于具有复杂依赖关系的任务，使用 CompletableFuture 类来组织其并行执行。
- 使用并行流、FutureTask 和 Lambda 表达式来表达要并发执行的过滤和映射操作。

考虑代码清单 8.7 所示的程序，它会读取程序的第一个参数指定的文件，处理其中的 IP 地址列表，并输出解析后的地址。例如，如果该文件包含 IP 地址 8.8.8.8，则程序将输出其对应的域名 google-public-dns-a.google.com。

代码清单 8.7　基于流的 IP 地址解析

```java
import java.io.IOException;
import java.net.InetAddress;
import java.net.UnknownHostException;
import java.nio.file.Files;
import java.nio.file.Path;
import java.nio.file.Paths;
import java.util.concurrent.ForkJoinPool;
import java.util.concurrent.CompletableFuture;
import java.util.stream.Collectors;
import java.util.List;

/** Resolve IP addressed in file args[0] using 100 threads */
public class ResolveFuture {
    /** Resolve the passed internet address into a name */
    static String addressName(String ipAddress) {
        try {
            return InetAddress.getByName(ipAddress).getHostName();
        } catch (UnknownHostException e) {
            return ipAddress;
        }
    }

    public static void main(String[] args) {
        Path path = Paths.get(args[0]);
        // Create pool of 100 threads to compute results
        ForkJoinPool fjp = new ForkJoinPool(100);

        try {
```

```
        // Obtain list of lines
        List<CompletableFuture<String>> list =
            Files.lines(path)
            // Map lines into a future task
            .map(line -> CompletableFuture.supplyAsync(
                    () -> addressName(line), fjp))
            // Collect future tasks into a list
            .collect(Collectors.toList());
        // Wait for tasks to complete, and print the result
        list.stream().map(CompletableFuture::join)
            .forEach(System.out::println);
    } catch (IOException e) {
        System.err.println("Failed: " + e);
    }
  }
}
```

通过使用流和 CompletableFuture 类，该程序避免了显式管理线程及其结果。在包含
1000 个 IP 地址的列表上运行此程序，仅需 37s 即可完成，相比顺序执行的实现快了 78 倍，
后者需耗时 48min。

```
$ time java ResolveFuture 1000.ip >1000p.name
real    0m37.465s
user    0m0.015s
sys     0m0.000s


$ time java ResolveSequential 1000.ip >1000s.name
real    48m40.036s
user    0m0.000s
sys     0m0.015s
```

之所以能显著提升速度，是因为与 DNS 查询相关的 I/O 延时较长。对此类任务进行并
行化处理是完全合理的；避免直接使用底层的并发原语，转而采用更高层次的抽象，更是
明智之选。

要点 ✦ *为了避免并发陷阱，请考虑使用专门的语言、进程、工具、框架或库，*
         并利用更高层次的抽象重新实现存在 bug 的并发代码。